DEYROLLE
戴罗勒标本屋
UN CABINET DE CURIOSITÉS
PARISIEN

作者: **LOUIS ALBERT DE BROGLIE** （路易·阿尔贝·德·布罗伊）

合作: **EMMANUELLE POLLE**（埃马努埃莱·波勒）

摄影: **FRANCIS HAMMOND** （弗朗西斯·哈蒙德）

戴罗勒标本屋

200年的自然科学传奇

[法] 路易·阿尔贝·德·布罗伊 著

戴巧 译

华中科技大学出版社
http://www.hustp.com

有书至美
BOOK & BEAUTY

中国·武汉

目 录

第1页图 虎皮鹦鹉（*Melopsittacus undulatus*，澳大利亚）。

第2页图 合起来的蝴蝶翅膀，欢乐女神闪蝶（*Morpho didius*，秘鲁）。

第4页图 白孔雀（*Pavo albus*）羽毛特写。

第5页图 戴罗勒标本店内景，蓝孔雀（*Pavo cristatus*，印度）
和展翅的英雄翠凤蝶（*Papilio ulysses*，印度尼西亚）。

戴罗勒一日

不论是专业人士、首次到访者还是回头客，当他们推开这座"国家宝库"的大门时，不会意识到自己的感受与曾经来访的前人们并无二致。是的，因为每一天戴罗勒都让到访者们惊叹不已。无论是孩童还是成人，记忆中的博物知识不时地提醒着他们这个地方是多么神圣。在法国巴黎巴克街（Rue du Bac）46号二楼，他们欣赏着大千世界：动物、植物、矿物……主题越来越宏大；他们将目光注视在时光上——那些我们仍能欣赏的物种，还有那些已经灭绝、我们为之伤心的物种。他们估算着标本与它们原始栖息地的距离，每一件标本都脱离了原本的命运轨迹。这些生物演化的产物邀请我们在静默中观察它们、聆听它们、理解它们、保护它们——如果为时未晚。这所具有近两百年历史的机构

的建立初衷就在于此，用世界性的语言向世人呼吁：行动起来。

在戴罗勒度过的一天必定是不平凡的一天，是内省的一天。21世纪，这样一所机构还能做些什么？这将是一艘本将覆灭的船吗？还是像许多专门介绍它的文章所述，这是一艘诺亚方舟，提醒着每个人在终极之旅中所应承担的责任？

戴罗勒没有竞争。从某种意义上来说，它的创建者撒播了知识的种子，那些令人惊叹的藏品潜移默化地影响了几代人的命运，这些人成为了教师、研究人员、博物学家、艺术家、作家、环保专家、护林人、医生、收藏家、小说家、业余爱好者……他们受到戴罗勒教学版画的熏陶，醉心于那些标本、显微镜标本、骨骼、科学出版物以及科普读

左页图 插画家弗洛克（Floc'h）笔下戴罗勒现在的主人路易·阿尔贝·德·布罗伊（Louis Albert de Broglie）肖像，《先生》（Monsieur）杂志2017年2-3月刊封面。

物。而本书就将介绍戴罗勒的辉煌成就。

如果说戴罗勒是艘随波逐流的方舟，那也是在寻找亚拉腊山（Mount Ararat，诺亚方舟停泊之处）的方舟，是在汹涌海洋中寻找安宁之地的方舟。

而这座自然珍宝馆则成为舵手寻找方向的启蒙与指导，从而接近生命的奥秘，揭开大自然神秘面纱的一角。**自然**教给人们有关万物的知识，告诉我们在人类诞生之前的那些事，是谁给我们带来空气，水以及肥沃的土壤。亲密无间的共生中，生物多样性是如此神奇和重要。

在这里，一切都是自然有机的，而又都是人工制造的，一间间展示厅的建造都在挑战最伟大的建筑师的陈规。45

亿年前开始，自然的进化就已经预见了今天的一切，而自然就是**艺术**的巅峰，受到自然的创造力启发，戴罗勒带领艺术家与观赏者在人类创造力的海洋上扬帆起航。

然而自然是脆弱的，崩溃与混乱无时无刻不在威胁。对一些人来说世界是有限的，而对另一些人却是无限的。每个人都可以提出问题，但无法逃避责任。那是关于知识，理解的知识使创新、发展与变革成为可能，从而得以传播。**教育**，就像船上的水手通过观察光线、风向和水流来学习，他们要冒着倾覆的风险，一边划桨，一边学习。

戴罗勒是一艘灵巧而充满活力的方舟，船舷上刻着这个先驱家族代代相传的关键词：**自然，艺术，教育**。这也是送给所有希望重新认识自己领域的人们的词汇。动物、植物、地质，所有物质遗产以及借此发展出的非物质遗产，都将在这片土地上和谐共存。

戴罗勒努力理解生命：再现这个世界，保护它，并伴随它的进化与变革有所作为。

戴罗勒不是只有昔日的辉煌，它的未来可期。🦀

路易·阿尔贝·德·布罗伊

经历戴罗勒一日，向未来迈进了一步。

上图 讲解气压的戴罗勒物理学5号教学版画上的一处细节。

右页图 路易·阿尔贝·德·布罗伊，被人们昵称为"园丁王子"，2001年起成为戴罗勒的主人。

"19世纪属于科学、工业化与进步。戴罗勒的创立具有划时代的意义。戴罗勒父子都是博物学家，对动植物与矿物充满好奇，他们将位于巴克街的标本店变成了一个学者、艺术家与昆虫爱好者的交流场所，一个全新的学习场所。在这里，动物们挤挤挨挨却不会互相冲撞，人们获得并传播知识，不断发现并破译未知的世界。

这个地方是独一无二的，看似永恒不变，一场大火将它吞噬又得以重生。在这里，温情怀旧与激励展望令人惊讶地混合并存。

世界在向前发展，昨日的探索发现被今天对保护自然、生物多样性与人类的思考而取代。"🦗

戴罗勒，一日到访便不愿再离开……

右页图 一只小猪（家猪，*Sus scrofa domesticus*，法国）标本。
第12-13页图 戴罗勒矿物学陈列柜。

NATURE

自 然

戴罗勒

戴罗勒，
文化遗产创造者

让-巴蒂斯特（Jean-Baptiste）是戴罗勒家族的第一位博物学家和标本制作师，自他之后便传承了5代。1822年——这个科学即将获得崇高地位的年代，让-巴蒂斯特·戴罗勒从动物学标本开始销售，逐渐发展到植物学、古生物学、地质学、微生物学等。

当时，科学界正打算为自然界分类排序，实地考察的博物学家收集样本并观察，理论型博物学家则致力于研究、命名与分类。1793年6月10日，国民公会颁布法令，将17世纪路易十三时期创建的国家植物园改造成法国国家自然历史博物馆，赋予其3项使命：丰富并保存藏品、传播科学以及进行研究。这股博物馆浪潮席卷世界各地，继大英博物馆（1753年）和柏林大学博物馆（1810年）之后，纽约博物馆于1869年开幕。

每家博物馆都努力丰富自己的展品，分享科学知识。从巴黎到其他城市，各类科学机构遍地开花，出版年报、论文，发行杂志，向研究者开放自己的实验室。那些从巴西、塔希提岛和南北极归来的探险家们非常受欢迎，他们的发现备受赞美，被视为珍宝。让-巴蒂斯特·戴罗勒的3个儿子阿希尔（Achille）、纳西斯（Narcisse）和亨利（Henri）跟随他们父亲的足迹，也成为了博物学家。他们深受这些科学机构启发，于1831年创建了戴罗勒标本店（简称戴罗勒）；他的孙子埃米尔（Émile）出生于1838年，继承家族事业并进一步发扬光大，令戴罗勒标本店声名远扬。

1846年，戴罗勒标本店总部迁至巴黎钱币街19号。第二年，戴罗勒便出版了第一本《鞘翅目与鳞翅目昆虫初级

左页图 戴罗勒的旧产品目录。
第16-17页图 博物学家埃米尔·戴罗勒撰写的《法国博物学》
（*Histoire naturelle de la France*），19世纪末出版。

15

EXPLICATION DE LA PLANCHE 5

Grandeur nature

爱好者指南》（*Guide du jeune amateur de coléoptères et de lépidoptères*），并开始出售捕捉、制作、保存昆虫的用具。1864年，阿希尔·戴罗勒创建了名为"戴罗勒与儿子"的公司，其子埃米尔为唯一合伙人。埃米尔委托兄弟泰奥菲勒（Théophile）制作教学版画插图。接着，戴罗勒开办科学出版社，出版书籍著作，并在钱币街23号开了第二家店。1869年，埃米尔·戴罗勒创办了自己的杂志《昆虫学消息》（*Petites Nouvelles entomologiques*），每年发行两期，一直到1879年停刊。

戴罗勒标本店扩张的同时，1865年至1885年期间，法国国民教育部部长维克多·迪吕伊（Victor Duruy）和朱尔·费里（Jules Ferry）主导的扫盲运动也正如火如荼地进行着。各类学校都进行了调整，推行新的教学课程，物理和自然科学占据了重要地位。埃米尔·戴罗勒推出的"教学博物馆"（Musée scolaire）系列教育版画产品得到发展，进入幼儿园、中学以及职业技术学校。戴罗勒更进一步，创办了矿物学部门、高级木器制作坊，同时还向博物学家征稿。科学界的各类发现激起了埃米尔·戴罗勒的热情，使他一往无前。1879年，他开了一家新店——戴罗勒摄影器材店，制作销售折叠暗箱相机。1888年4月1日，戴罗勒搬到了巴克街46号，原本是银行家雅克-萨米埃尔·贝尔纳（Jacques-Samuel Bernard）的公馆，经营至今。🦀

第18页图 小嘴乌鸦（*Corvus corone*，欧洲）。
第19页图 埃米尔·戴罗勒位于奥特伊的工厂，
动物标本剥皮与骨架工坊一角，1889年。
上图 "戴罗勒与儿子"的商店外观，约1930年。
右页图 平原斑马（*Equus quagga burchellii*，南非）到访昆虫厅。

Ombelle de Fruits

Ombelle de fleurs

Involucre

Jeune Ombelle

les deux styles

Racine à l'époque de culture

Fleur coupée en long

LA CAROTTE

对自然科学
的热爱

埃米尔·戴罗勒在其1877年出版的《博物学基础》(*Éléments d'histoire naturelle*)一书中介绍了针对小学生的科学教育方法，用以激发小学生们对科学的兴趣。

当时，这个30岁不到的年轻人希望使自己销售动植物、矿物标本以及收集标本用具的事业更进一步。埃米尔·戴罗勒为孩童缺乏科学知识的学习而感到忧心，提倡通过观察进行科学教育，而绘画在其中能起到重要作用。

"事实上，博物学对孩子们的吸引力是显而易见的，大部分儿童书籍，像识字课本或者其他图书的作者都喜欢运用插画或文字描述动物，增加对小学生的吸引力。可惜的是这些插画常常不太科学，比如老鼠和狮子一样大，这就可能误导孩子们的认知；在这种情况下，那些描述也一样糟糕。"他在书中感叹道。

埃米尔·戴罗勒销售业务的发展蒸蒸日上的同时，1882年3月28日，法国通过了《初等义务教育法》，规定不论男女，6至13岁孩童必须在家或在校学习知识，同时取消了宗教道德教育；为了"开启民智"，在阅读写作、法国语言文学、法国历史、地理等"传统"学科基础上，增加了自然科学、物理和数学。

埃米尔·戴罗勒成为了法兰西共和国学校的第一供应商。他宣传学习科学的益处，并且将法国甚至国外的诸多教室从头武装到脚。第三共和国1887年6月18日颁布的法令中一个课程成就了他，那就是著名的"博物课"——"让孩子们通过训练学习常识，让他们学会观察、比较和提问"。

戴罗勒用他们生产的教学版画来辅

左页图 介绍胡萝卜的戴罗勒植物学教学版画。

助 "博物课" 教学，那些插画成为完美生动的知识传播载体，将科学与艺术融合在一起。动植物的美、对生物与物品的研究，在教育孩童的同时，还能满足他们的好奇心。

1896年，埃米尔·戴罗勒在第9版 "教学博物馆" 系列的序言中指出教育要与世界变革相适应："为了与初等教育新课程相适应，我们重新彻底编写这一版……教育的目标在于教授孩子们认识 '物体'，而不仅仅是 '词汇'，如果能用日常用语的地方，我们就不会用过于专业的词汇。"🐾

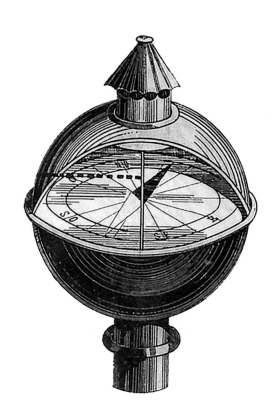

上图 讲解磁性的戴罗勒物理学11号教学版画上的一处细节。

右页图 戴罗勒鸟类学120号教学版画，埃米尔·戴罗勒 "教学博物馆" 系列。

LES HIRONDELLES

LES PIGEONS

上图 戴罗勒教学版画细部。

右页图 非洲达摩凤蝶（*Papilio demodocus*，马达加斯加）与戴罗勒旧的出版物。

> 博物学涵盖了地球上所有我们能触及的物体，天文学则包含了所有苍穹中我们能看见的却无法触摸的天体。

埃米尔·戴罗勒，《博物学基础——自然界三大领域教育版画的说明》（*Éléments dhistoire naturelle. Manuel explicatif des tableaux représentant les trois règnes de la nature*），第3版，巴黎，埃米尔·戴罗勒，1877年。

右页图 戴罗勒标本店昆虫工作室一角。

向大众解释自然

埃米尔·戴罗勒并不是教师，不过他对教学很感兴趣。在其著作以及精心准备的教学版画中，他站在孩子的角度，试图以他们的方式来观察这个世界。被进步精神滋养成长的他与人们分享启蒙运动的遗产，并且在科学知识中看到了世界的发展。在那个年代，"最简单的想法也只是刚刚起步"，必须"给年幼的学生传达清晰的概念，让他们产生正确的想法和正直的情感"，他在《博物学基础》中写道。

教师们在课堂上展示的动植物标本、矿物样本与教室墙壁上悬挂的教学版画可以相互参照。学习矿物的时候，往往会出现一些化学概念和听起来就很高深的词汇，比如"硝酸盐、硫酸盐或碳酸盐"，挑战孩子们的大脑。戴罗勒并不满足于一个领域，鸟类学、地质学、植物学、动物学，他的目标是涉及各个领域并不断丰富完善。在这个领域即便是看上去最微不足道的东西都有自己的价值所在。漂亮的广口瓶、标签、极其微小的标本都显得独一无二。埃米尔·戴罗勒变成了自然科学杂志的编辑。

《博物学家》（*Le Naturaliste*）欢迎国家自然历史博物馆的杰出教授们投稿，《驯化》（*L'Acclimatation*）的创办宗旨则是科普。有人建议用水彩描绘收集的物种，因为只看书对科学教育没有好处；还应当实地考察，需要具有"猎人的热情"，而且人们相信除了阅读完美"徒步旅行者"的建议，应当再读一些马塞尔·帕尼奥尔（Marcel Pagnol）的作品——带上小小的白铁盒、背包或帆布挎包全副武装，徒步旅行者会小心地避免粗布衣服，而是穿上有好多小口袋的粗灯芯绒衣服，然后就能暂时离开书本，去用脚丈量世界了。🦐

左页图 戴罗勒从前出版的书籍。

31

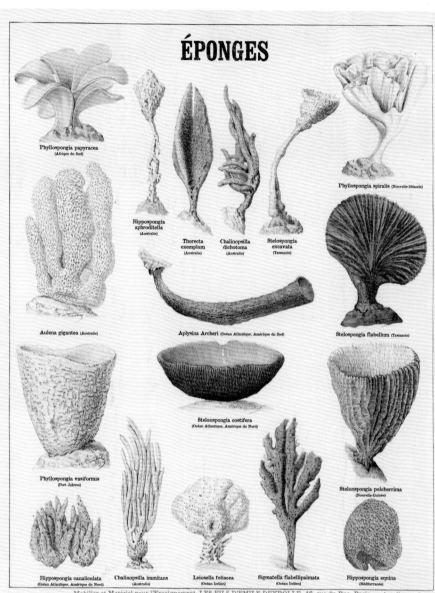

ÉPONGES

Phyllospongia papyracea
(Afrique du Sud)

Hippospongia
aphroditella
(Australie)

Thorecta
exemplum
(Australie)

Chalinopsilla
dichotoma
(Australie)

Stelospongia
excavata
(Tasmanie)

Phyllospongia spiralis (Nouvelle-Zélande)

Aulena gigantea (Australie)

Aplysina Archeri (Océan Atlantique, Amérique du Sud)

Stelospongia flabellum (Tasmanie)

Stelonspongia costifera
(Océan Atlantique, Amérique du Nord)

Phyllospongia vasiformis
(Port Jakson)

Stelonspongia pulcherrima
(Nouvelle-Guinée)

Hippospongia canaliculata
(Océan Atlantique, Amérique du Nord)

Chalinopsilla immitans
(Australie)

Leiosella foliacea
(Océan Indien)

Sigmatella flabellipalmata
(Océan Indien)

Hippospongia equina
(Méditerranée)

Mobilier et Matériel pour l'Enseignement. LES FILS D'EMILE DEYROLLE. 46, rue du Bac, Paris   Imp. Monrocq, Paris.

上图 介绍海绵的戴罗勒动物学教学版画，"埃米尔·戴罗勒之子"系列。

右页图 介绍螺类的戴罗勒动物学92B号教学版画，"埃米尔·戴罗勒之子"系列。

Cerithium
Sowerbyi
(Philippines)

Triton lotorium
(Océan Indien)

Cypræa aurora
(Tahiti)

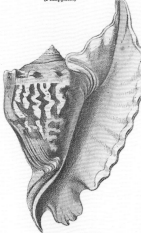

Strombus peruvianus
(Océan Pacifique)

Murex rarispina
(Antilles)

Pterocera rugosa
(Australie)

Natica canrena
(Philippines)

Helix turbinoides
(Philippines)

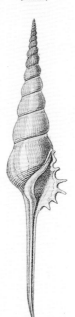

Murex ferrugo
(Océan Indien)

Conus
Sumatrensis
(Océan Indien)

Rostellaria rectirostris
(Célèbes)

MAMMIFÈRES (PRIMATES)

82

CHIMPANZÉ
Anthropopithecus troglodytes
(Congo)

GORILLE Gorilla gina
(Gabon)

ORANG-OUTAN
Simia satyrus
(Bornéo)

GIBBON
Hylobates rafflesii
(Sumatra)

GIBBON
Nasalis larvatus
(Bornéo)

CYNOCÉPHALE
Cynocephalus hamadryas (Abyssinie)

OUISTITI
Hapale jacchus (Brésil)

SINGE
HURLEUR
Mycetes seniculus
(Guyane)

COLOBE Colobus guereza
(Abyssinie)

Les Fils D'Emile Deyrolle, 46, rue du Bac, Paris.

左页图 介绍哺乳纲狐猴的戴罗勒动物学200号教学版画细部，"教学博物馆—埃米尔·戴罗勒之子"系列。
上图 介绍哺乳纲狐猴的戴罗勒动物学82号教学版画细部，"埃米尔·戴罗勒之子"系列。

35

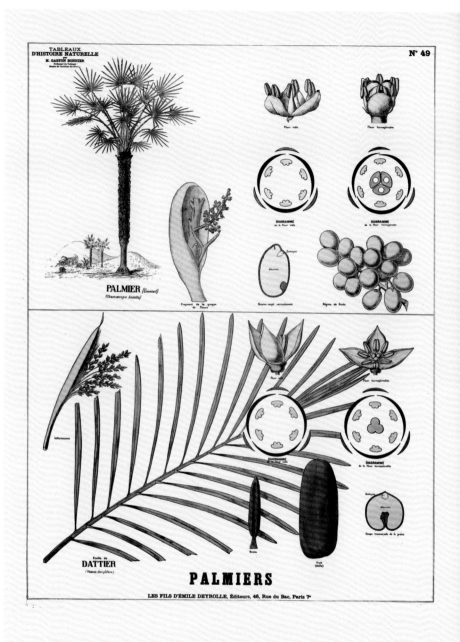

上图 介绍棕榈的戴罗勒植物学49号教学版画，"埃米尔·戴罗勒之子"系列。
右页图 关于水果的戴罗勒植物学教学版画细部，"教学博物馆—埃米尔·戴罗勒之子"系列。

> 为了让我们的产品尽可能实用，我们会观察已经识字的孩子的反应，可以说他们是我们的合作者。如果有他们难以理解的专业词汇，我们会尽量换一个更为通用的词语，或者添加清晰易懂的注释。

埃米尔·戴罗勒，《博物学基础——自然界三大领域教育版画的说明》，第3版，巴黎，埃米尔·戴罗勒，1877年。

右页图 戴罗勒从前出版的书籍。

PLANCHE III

浴火重生

2008年2月1日清晨5点，位于巴克街的戴罗勒标本店昆虫学展厅意外起火。大火燃烧了两个小时，90%的藏品与历史近一个世纪的家具被烈火焚毁吞噬。55名消防队员赶到现场，仍然无法挽救那些沉睡不醒的动物。50000多只蝴蝶标本，成千上万的昆虫、化石，几百只动物标本被烧成灰烬。场面十分惨烈，即便是并不太了解戴罗勒的人们也感到伤心和遗憾。人们把在火灾中熏黑或未完全损坏的标本和其他物件逐一从火场中清理出来，对它们感同身受，似乎自己就是那头熊、那头狮子、那只鸭子又或者那只鸵鸟。

就像科学家、哲学家加斯东·巴什拉（Gaston Bachelard）所写的那样，火"既有善的一面，又有恶的一面。它在天堂发出光芒，在地狱燃烧破坏。它既温柔又残忍"。同样，火焰残酷地摧毁了戴罗勒，又给它带来希望之光。破坏之火化身重建之火，在火灾中，戴罗勒即将获得新生。

火灾发生的第二天，许多当代艺术家们从世界各地赶来，自发为戴罗勒义务服务。昆虫馆及其所有藏品都消失了。幸存下来的骨骼与其他物件被制作成艺术品拍卖，拍卖所得用于重建。这些动物、建筑，还有那些化石的灵魂经受住了上千度火焰的考验吗？人们感受到了艺术家们与参观者的着迷，每件参与戴罗勒重建的作品都散发出光辉。历史与火灾，让每个人都成为这笔遗产的载体，每个人都庆幸戴罗勒并未就此消失。人类喜欢祈求永生，而这些由摄影师南·戈丁（Nan Goldin）、艺术家扬·法布雷（Jan Fabre）和画家米克尔·巴尔塞洛（Miquel Barcelo）改造的动物藏品拒绝消逝，拒绝死亡把它们带走，它们蔑视死亡，给每个人带来活在当下的力量、生命的力量。🐞

左页图 马克·当唐（Marc Dantan）在戴罗勒火灾后拍摄的摄影作品。
第42-43页图及第44-45页图 马克·当唐为火灾后的戴罗勒标本店拍摄的摄影作品。

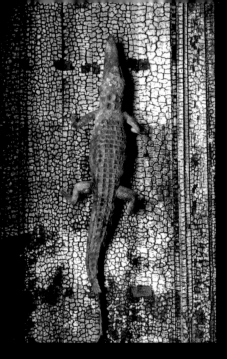

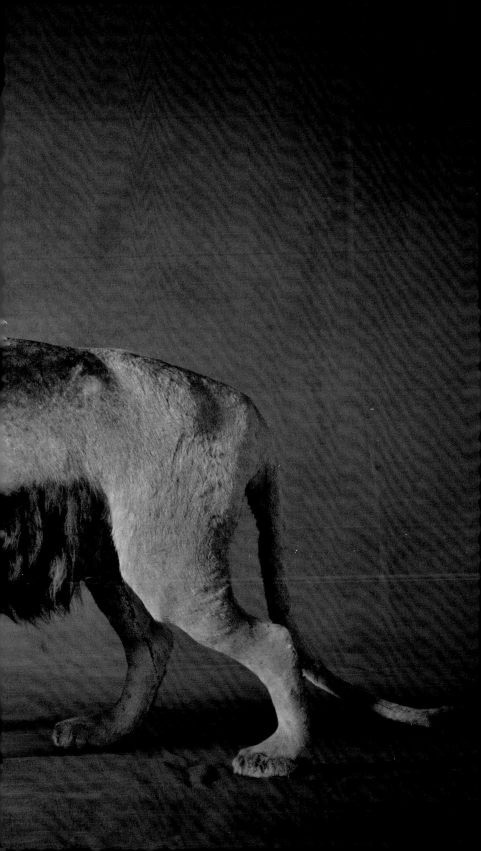

> 火不再是一种科学研究的对象……火是超生命物体，它隐秘，又普遍。它在我们心中，也在空中。它像爱情一样在物质表面上燃烧，又像仇恨一样潜伏在物质内部，暗中将其摧毁。火是唯一一个被赋予两种截然相反意义的现象：它既有善的一面，又有恶的一面。它在天堂发出光芒，在地狱燃烧破坏。它既温柔又残忍。它既是生活必需品，又会带来毁灭性灾难。它给乖乖坐在壁炉旁的孩子带来快乐，然而又狠狠惩罚那些不听从劝告、离火焰太近的孩子。它和蔼亲切，又神圣不可侵犯。它集守护神与破坏神于一身，亦正亦邪。它可能自相矛盾：它是解释世界的原理之一。

加斯东·巴什拉，《火的精神分析》(*La Psychanalyse du feu*)，巴黎，伽利玛出版社（Gallimard），1949年。

第46-47页图 扬·阿蒂斯-贝特朗（Yann Arthus-Bertrand）拍摄的灾后摄影作品。
左页图 孔雀标本残骸。第50-51页图 烧焦的蝴蝶标本。

永恒的力量

想要推断谈话对象的年龄，有一种比碳14更别出心裁的推定方式：只需听听对以下这个简单问题的回答——"你在小学的时候成绩好吗？""当然啦，还得过奖章呢"，对方可能立刻回答，说不定还能讲出很多细节。

奖励给好学生的小卡片、讲台、老师的办公桌、操场上的长凳、食堂里的餐桌、带有铜把手的文件柜、盥洗室、粉笔盒，还有老师用来在黑板上画几何图形的木制大圆规，每一件教学用具当时几乎都印有戴罗勒的大名。在戴罗勒为法兰西共和国学校提供的销售目录中，产品惊人的齐全，比如为男校推荐的B系列家具（锻铁桌脚、橡木桌子、山毛榉长凳、杨木格子柜）和为女校推荐K系列家具（使用同样的木料，但是大概因为女生穿裙子，出入口更宽敞）。

戴罗勒为学校提供课桌，配有标准的陶瓷墨水瓶，也可选择更漂亮当然也更昂贵的玻璃或铅制墨水瓶。学校的办公家具必须牢固，一代又一代小学生把桌面磨得越来越光滑，孩子们也许时常望着老师挂在黑板上的戴罗勒1.2米×1.9米的自然科学版画出神。就这样，不知不觉中，我们在分享与传递某种永恒的概念。

2001年，路易·阿尔贝·德·布罗伊接手这家创建于1831年的老店时，这里的时光仿佛凝固在永恒之中。从1888年昆虫展馆搬迁至巴克街46号之后，似乎没有任何变化。睡美人在等待王子将她唤醒。这个场所、这个品牌坚守在原处，沉浸在无尽的岁月中，始终如一地与人们分享着生命与历史。

那些用稻草填充的动物标本无畏时间的流逝，用它们小小的玻璃眼珠，镇定自若地看着你。它们平静地面对未来，

右页图及第54-55页图 店铺内景。

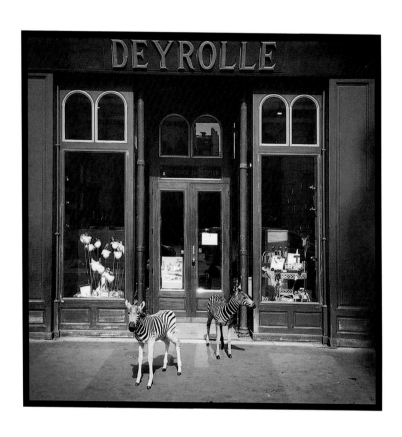

左页图及上图 两只小长颈鹿（*Giraffa camelopardalis*，南非），
两只小斑马（*Equus quagga burchelli*，南非）在巴克街46号的标本店门前探险。

以不变应万变。在那些历经百年的展示架上，落着些灰尘，某些人认为那些灰尘也为这个地方增添了魅力，那仿佛是岁月的印迹，引人遐思。

戴罗勒的时光与别处不同，在这里，时间似乎停滞，令人回味，让访客们也不由放慢脚步。有时候，我们会遇见猎人，他们背着斜挎包，刚刚委托戴罗勒把猎物制作成标本；也会遇到爱宠刚刚离世的伤心人，然而技术再高超的标本制作者也无法安慰他的心。在戴罗勒，捕食者不再凶残，毒液变得无害，一切都那么和谐。

就像在旧日的课堂上，戴罗勒的周围，时间凝结。20世纪50年代在此购买人生第一个贝壳的孩子，如今带着孙辈再次光临，孩子们也像他们的祖辈曾经做过的一样，轻抚着小长颈鹿和猎豹宝宝的标本。🦀

愿科学家与收藏家完成使命……

上图 准备发货的太阳锥尾鹦鹉（*Aratinga solstitialis*，南美）以及林肯港鹦鹉（*Barnardius zonarius*，澳大利亚）。
下图 玻璃罩下的虚空派风格的标本（树脂头骨及多种蝴蝶标本组合）。
右页图 店铺内相连的展示厅。

> 课间休息时，老师让孩子们收好笔、本子……课桌上都要收拾干净。只待老师示意，学生们就自由了。

J·比雷小姐（MADEMOISELLE J. BURRET），《附属小学校长及其学生漫谈实践教学法》（*Causeries de pédagogie pratique d'une directrice d'école annexe avec ses élèves*），马孔（Mâcon），热尔博兄弟出版社（Gerbaud frères libraires），1808年。

右页图 老虎（*Panthera tigris*，北亚）与母狮子（*Panthera Leo*，非洲）聊得正欢。

第62-63页图 昆虫厅，一只母狮子在迎接到访者。

ART

艺术

戴罗勒

巴克街46号：艺术之地

巴克街46号原本是银行家雅克-萨米埃尔·贝尔纳的公馆，建于1735年。1888年，埃米尔·戴罗勒将标本店搬至此地时，圣日耳曼街的延伸工程刚刚截断了它花园中重要的建筑物。标本店位于这幢建筑大门右边第二间。与整幢楼相比，底楼的店面看起来并不起眼，然而沿木质楼梯向上，二楼一下开阔起来。三间展示厅相连，明亮的光线照射进来，在上过漆的木地板上形成斑驳的光影。这里有科学远足和自然科学实践学习所需的一切，捕蝶网、存储昆虫的容器、固定昆虫的昆虫针和制作、清洗标本使用的药剂。这里十分安静，利于学习，却又不会觉得孤独，因为目光所及之处，处处泛着皮毛的光泽和昆虫翅膀的光彩，仿佛在互相回应。

今天仍与往日一样，不论产自国外还是欧洲本土的蝴蝶标本都是按只售卖。这是一件礼物，是这个神奇世界的一部分，每个购买者都会带回去珍藏。哺乳动物、鱼类、昆虫、鸟类、化石、矿物等同在一个屋檐下。各类标本混合陈列，开业至今未曾变过，令人意外又着迷。戴罗勒本身就像个珍奇柜，每打开一个抽屉，就有一个世界展现在眼前。珍奇并不意味着财富，而是更为珍贵的赏心悦目的奇迹。在这家独一无二的标本店中，并无过多的装饰或布景，常常看到客人跨过界限走到柜台后面，甚至走到工作区，也许只是向店员问个问题，而工作人员也会放下手中的工作，平和耐心地解答。戴罗勒也经常举办自然科学相关的讲座，帮助爱好者制作自己的藏品；在梦幻与现实、艺术与科学、星尘与爬行动物的骨骼之间，戴罗勒让藏品成为

第64-65页图与左页图 店铺内景。

67

另一个自己，化身为自己的延续，无声地讲述自己的故事。

在时装设计师雅克·杜塞（Jacques Doucet）的藏书（现已捐给法国国家图书馆）中，有一本埃米尔·戴罗勒的同辈人、考古学者与艺术评论家埃德蒙·博纳费（Edmond Bonnaffé）撰写的著作。1873年，他通过奥古斯特·奥布里（Auguste Aubry）出版了《古代法国的收藏家们——一位爱好者手记》(*Les Collectionneurs de l'ancienne France. Notes d'un amateur*)，这本书前言结尾处的一句话简直是为巴克街46号这家在同类中独一无二的小小科学机构量身定制的："我们每个人按照自己的方式，尊重、维护、挽救过去的那些作品"，这位考古学家写道，"我们应当鼓励并播撒好奇心，让每个人的努力与国家的伟大保护工程联系在一起。"

某些人的好奇心可以唤醒大多数人的保护意识，这令人惊叹。这也是如今戴罗勒作为标本店兼博物馆发起的挑战：理解昨天的世界，构想明天的世界。

第68页图 聚集在一起的猫头鹰。
第69页图 黑冠鹤（*Balearica pavonina*，撒哈拉沙漠以南）。
左页图 斑鬣狗（*Crocuta crocuta*，非洲大草原）。
另外两只狐狸曾被艺术家达米恩·赫斯特选中，
作为其作品《意义（巴黎的希望，不朽与死亡，现在与当时）》的一部分。

" 一个害怕猫、狗，不敢靠近它们的孩子，当某天大人告诉他抚摸猫咪时，猫咪的皮毛多么柔软，仔细观察猫咪的眼睛时会发现它的眼睛色彩多么漂亮，也许他的恐惧感就会完全退散了。**"**

保罗·哈斯勒克（PAUL HASLUCK），《标本制作者的实操指南：每个人都能学会的动物标本剥制术》（*Manuel pratique du naturaliste-empailleur. La taxidermie à la portée de tous*），巴黎，B·迪尼奥勒出版社（Edition B. Tignol），1909年。

右页图 伊比利亚猞猁（*Lynx pardinus*，西班牙）。

上图 双角犀鸟（*Buceros bicornis*，东南亚）。

右页图 戴着飞行帽的鸵鸟（*Struthio camelus*，非洲）站在巴克街上。

第76-77页图 载有欧洲野牛（*Bison bonasus*，欧洲）的车停在巴克街上。

戴罗勒：
不需要门票的博物馆

"早上好，请问博物馆今天开门吗？"对于戴罗勒的工作人员而言，这个经常碰到的问题仿佛是个玩笑，但又似乎道出了真相。戴罗勒究竟是标本店还是博物馆？这家位于巴克街的商店多样化与杂糅，这个没有保安和讲解员的小小博物馆不需要门票，装满了各种地球上美丽的东西，固定的玻璃橱窗不适合这里，一切都根据藏品巧妙组合，改造得更利于销售。这些都让到访者们感到意外与惊喜。

埃米尔·戴罗勒本人打造了这种定位，他自己在各种科学杂志与著作中多次推广他的戴罗勒教学博物馆。博物馆与学校两个世界在此连接，令人惊奇。教学博物馆是什么呢？是给小学生们设计的博物馆吗？是又不是。根据X·龙德莱出版社（X. Rondelet）出版的《教学博物馆构成与布置指南》(*Guide pratique pour la composition et l'installation des musées scolaires*，巴黎，1900年)记述，教学博物馆"收集各类常见的物品，可以是天然的，也可以是经过人工加工的，孩子们能将其拿在手中，仔细观察或触摸"。这是一种创新的做法，不仅允许，更是提倡通过触摸和探索来学习。1900年，当这本指南出版时，埃米尔·戴罗勒的教学博物馆已涵盖3000幅插画以及700种自然标本。这是家科学博物馆，展品既简单又实用，与图书馆藏书相呼应。具有教学功能的版画让人们对自然界有一种直观认识。标本和其他藏品对版画是一种补充，通过多种感官获取的知识记忆更深刻。

每个人都能自由进出巴克街的店铺，感受科学，学习知识，了解生命的起源。

左页图 幻想出来的鸟类（*Corvus fantasiae*）。

第80-81页图 传说中的独角兽（*Licornae fantasiae*）。

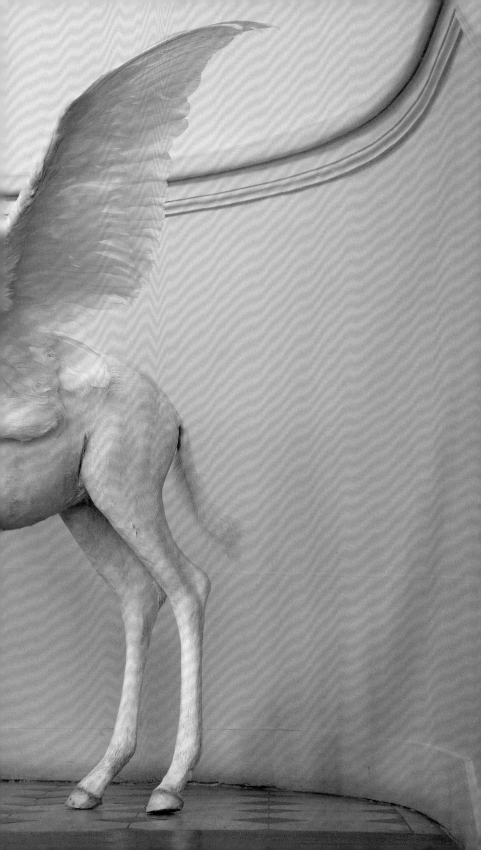

不过，有时候参观的意义远不如此，这里令人沉浸于宇宙深处，去关注那些吸引眼睛与心灵的作品。例如以陨石为主题的展览，这些"从天上落下的石头"早已令远古时代的人类为之着迷。对于外行来说，那些金属色泽与几何形状固然令人惊叹，但仍然不过是石头，然而一经展览、介绍，其意义就变得更为宏大。它们可能是消失的星体的灰烬、天体解体的残骸，可能在宇宙中历经数百万年、几十万千米才最终抵达地球。

2016年，收藏家吕克·拉贝娜（Luc Labenne）在戴罗勒展出的一块陨石非常引人注目。或者应当说这块陨石极为与众不同，它尽管很小（只有指甲盖大小），但是非常罕见。这是世界已知的3块火星岩石碎片之一。简单地说，美国国家航空航天局（NASA）拥有另一块，第三块则由另一位私人收藏家所有。在埃米尔·戴罗勒的时代，今天的这些"陨石猎人"也许也会被尊崇为"探险家"。当他们得到这些星球碎片，脑子里是怎么想的呢？🐾

戴罗勒，小小的博物馆，大大的发现……

上图 幻想出来的鸟类（*Corvus rosae fantasiae*）。
右页图 传说中的鹿角兔（*Lepus cornutus*）。
第84-85页图 牛（*Taurus*），托比亚斯·于雷勒（Tobias Urell）与4BI建筑事务所创始人兼设计师布鲁诺·穆瓦纳尔（Bruno Moinard）合作为戴罗勒设计的作品。

> 好奇与爱相似。它们都会带来感动、狂热、妒忌、秘密、幻想、失望、兴奋……爱好者是自由的；他只用自己的品位与认知来判断。

埃德蒙·博纳费，《收藏家生理学》（*Physiologie du curieux*），巴黎，J·马丁出版社（J. Martin），1881年。

右页图 年幼的松鼠猴（*Saimiri sciureus*，南美）拿着一个非洲绿猴（*Chlorocebus aethiops*，埃塞俄比亚）的头骨。
第88-89页图 2013年"稀有的珍宝"（*Curieuses Curiosités*）展览中，戴罗勒的珍奇柜布置。
第90-93页图 静物。

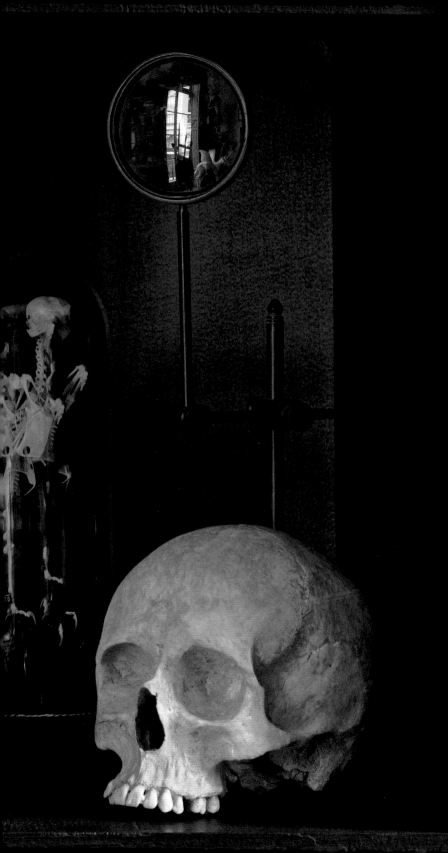

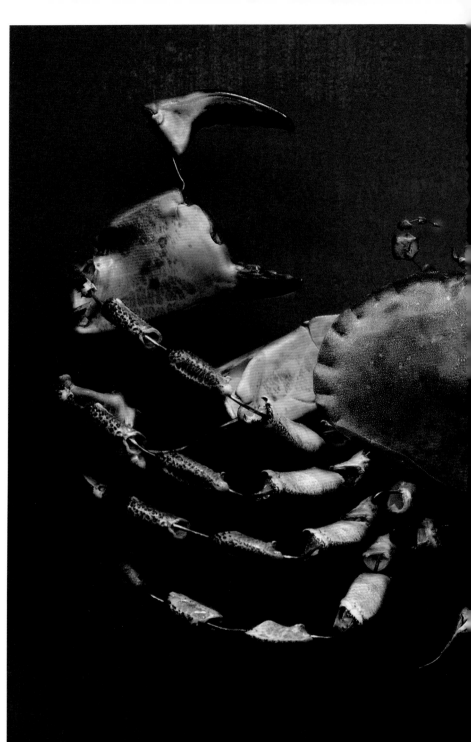

超凡的
手工艺匠人

1895年，亨利·卡努瓦出版社（Henry Carnoy）出版的《商人与企业家生平字典》（*Dictionnaire biographique des grands commerçants et industriels*，巴黎）中，关于埃米尔·戴罗勒的词条这样写道："埃米尔·戴罗勒的后代们与世界各地的猎人和博物学家保持着联系，为这家标本店保证了丰富的标本供应，像动物、地质、矿物等科普教育必不可少的标本，还有大量稀有或并不常见的标本，这些罕见的标本一般供给博物馆、学校或私人收藏家……"

狩猎装备也是戴罗勒的一个经营领域，1889年世界博览会时，工商与殖民地事务部给戴罗勒颁发了金质纪念章，以表彰其优质的打猎、捕鱼与采摘设备。当时在巴克街的店铺内有22名工作人员，而其位于奥特伊（Auteuil）的工厂占地1200平方米，拥有60多名雇员。当时工业受到推崇，世界博览会的评审委员会对这家"全能型"店铺青睐有加，这里汇集了动物标本剥制师、模塑工、上色师、钳工以及许多其他工种。

不过现在，法国只有10%的物种可以随意制作成标本。其他物种都受到保护，必须向环境部申请。像过去一样时常光临以动物标本剥制术闻名的戴罗勒（即便动物标本制作在巴黎已被禁止）的猎人们也懂得这项法律，他们带着捕猎到的野鸡或"荣誉之足"（pieds d'honneur）到戴罗勒寻求建议。"荣誉之足"一般是鹿蹄、狍子蹄或狐狸爪，由围猎指挥作为战利品颁发给他想表彰或感谢之人。

有时候，有些奖品体积庞大，无需多言，戴罗勒懂得如何处理。现在，擅

第94-95页图 分解的黄道蟹（*Cancer pagurus*），博谢纳（Beauchêne）[1]头骨风格，使用黄铜支架固定安装。
左页图 不同品种的角与动物头像标本挂饰。

---

[1]亦称"爆开的头骨"，是指将一些破碎分离的人类头骨重新安装在一个特制支架上的医学模型。支架上有互相连接且可以移动的支撑杆，这样便可以将头骨作为一个整体或每一块单独地进行研究。

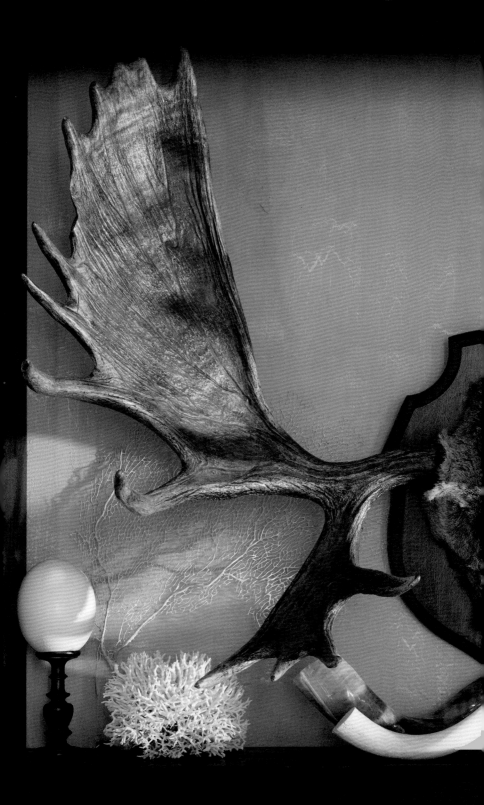

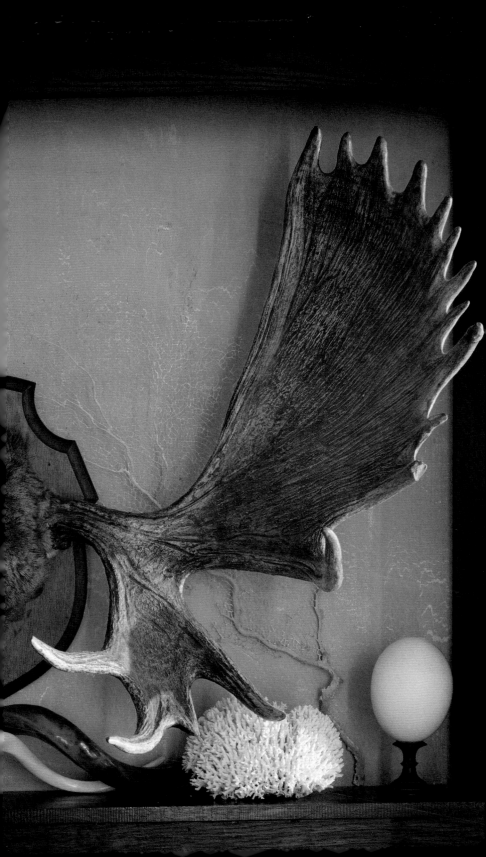

第98-99页圈 驼鹿（*Alces alces*，北美）角。这个鹿角连着支撑它的额骨。

上圈 家鸡（*Gallus gallus domesticus*，法国）的羽毛。

右页圈 鸟类秘密聚集在印度黑羚（*Antilope cervicapra*，阿根廷）头像标本挂饰周围。

Tirages Durin

长捕猎的猎手不一定拥有猎物处理的知识。谁还知道需要给"荣誉之足"编成"辫子"的形状，还要固定在有线脚装饰的盾牌形橡木板上，并且用刻有狩猎地点的铭牌装饰？戴罗勒和在那里工作的手工艺匠人们依然传承着这一切。戴罗勒拥有这种特别的魔法，成为文化传承与传播的圣地，在这里任何问题都有人倾听，不会被视作愚蠢。戴罗勒的工匠们技术高超，工作严谨，得到了经济财政与就业部的认可，戴罗勒被授予"活着的文化遗产企业"称号，而法国仅有近800家企业获得这一荣誉。戴罗勒的动物标本剥制术和昆虫学联袂获此殊荣，延续了让-巴蒂斯特·戴罗勒开创的悠久美丽的传奇。

走在通往巴克街46号二楼的楼梯上，每个人心中都会产生诸多疑问。在这条生物链上，我是谁？应当从什么开始收集？我不懂拉丁文，科学世界让我害怕，我能走进戴罗勒吗？手工艺匠人们超凡的技艺能够回答这一切。尽管拾级而上的过程中，"死亡"占据着大脑，然而一登上二楼，这种想法就烟消云散了。那些沉浸在安宁与永恒的动物令人平静，吸引着人们的目光。

诗人及卢浮宫博物馆馆长乔治·拉弗内特（Georges Lafenestre）在茹奥出版社（Librairie des bibliophiles, Jouaust）出版的珍本《绘画与雕塑展馆理想作品集》（Livre d'or du Salon de peinture et de sculpture，巴黎，1887年）的序言中不无夸张地写道："那种不过分夸张与矫饰的品位，避免虚假的优雅与野蛮粗俗，让成熟的思想清晰纯粹，虽然难以定义，却如同光明闪现照亮一切，它是代表语言荣耀的作家们的天赋，也是手工艺匠人在制作最不起眼的作品时最重要的品质，这就是我们应当不计代价寻找、维护、保存的东西。"

人们因各种原因走进戴罗勒，也许是因为具象的美，这里有丰富的色彩与形状的组合；也许是因为抽象的美，由生命与历史赋予的内涵；甚至单纯是因为希望找个装饰品。怎样都无可厚非，没有人会反对。欣赏过玻璃罩下恍如梦境的蝴蝶，科学最终会悄无声息地到来。🦀

踮着脚尖悄悄走进戴罗勒，
离开时大脑中装满了知识……

第102-103页图 戴罗勒店铺内摆放了标本的置物架。
左页图 小熊猫（Ailurus fulgens，中国）。

" 动物标本剥制术是一种艺术。精心处理和保存动物皮毛，用稻草填充躯体并将其组装布置，尽可能让它的形态和活着的时候一样。"

保罗·哈斯勒克，《标本制作者的实操指南——每个人都能学会的动物标本剥制术》，巴黎，B·迪尼奥勒出版社，1909年。

右页图 美洲黑熊（*Ursus americanus*，北美）。

人人都能感受的
艺术乐趣

人们走进戴罗勒，不会感受到死亡。对孩子来说，抚摸那些动物是自然而然的事情。而大人们也会将手轻轻滑过那些皮毛。斑马、熊、鸭嘴兽、黄鼠狼、鹦鹉，都是为人熟知的动物，每一件标本都十分友好，在赞颂自然，并将其提升到艺术的境界。1987年，生物学家弗朗索瓦·雅各布（François Jacob）在接受贝尔纳·皮沃（Bernard Pivot）电视采访时不无忧伤地说："科学试着把事物具有情感的部分剥离，就像把脂肪从骨架上剥离一样。"弗朗索瓦·雅各布是1965年诺贝尔医学奖获得者，是为数不多的入选法兰西学院的科学家之一，标志着科学界与人文学界之间的和解。

而戴罗勒的独特之处就是融合，科学与艺术的融合、事实与情感的融合、观察与赞叹的融合。教学版画上，对应拉丁文学名、科学分类配以插画，优美的线条与色彩都源于对自然仔细的观察，孩子们由此适应这个世界，并通过创造与想象，使其变得更为丰富多彩。

在戴罗勒度过一日，坐在二楼展厅的某个角落，观察出入口来往的人们，会明显感觉社会等级或阶级的概念并不存在，至少说在自然状态下并不存在。"戴罗勒的"参观者并没什么类型特征，只能说普遍比较热情。孩子、收藏家、研究人员、大学生、游客、艺术家或者时尚设计师，在混合而包容的戴罗勒，每个人都心醉神迷。

欣赏着那些身着艳装的蝴蝶、圣甲虫，它们绚丽耀眼，没有祖母绿或钻石装饰，它们是最纯粹的珍宝。每个人脸上都显现出同样的赞叹。在戴罗勒，在巨型蝴蝶标本间的流连忘返中，人们就了解了部分光的理论，光与蝴蝶翅膀表面的鳞片相互作用，发生散射、干涉与衍射，常由金属蓝变成绿色或紫色。🦂

**戴罗勒，艺术与梦幻的殿堂
逐渐理解，逐渐固定。**

> 我的小宝贝，不好意思，我用来固定蝴蝶标本的昆虫针已经用完了。麻烦你帮我订购两包（应该是2号），再帮我买两个像方丹街房间里那种玻璃的盒子（里面装着蝴蝶）：我会给你报销的。

安德烈·布雷东（ANDRÉ BRETON）寄给女儿奥贝（Aube）的明信片，圣锡尔克-拉波皮（Saint-Cirq-Lapopie），1952年7月1日，《写给奥贝的书信》（*Lettres à Aube*），伽利玛出版社，2009年。

右页图 黄伞竹节虫（*Tagesoidea nigrofasciata*，马来西亚）

第114-115页图 月神闪蝶（*Morpho cisseis gahua*，秘鲁）。

第116-117页图 展翅的英雄翠凤蝶。

第118-119页图、上图与右页图 用昆虫与蝴蝶标本构成的几何图案装饰作品。

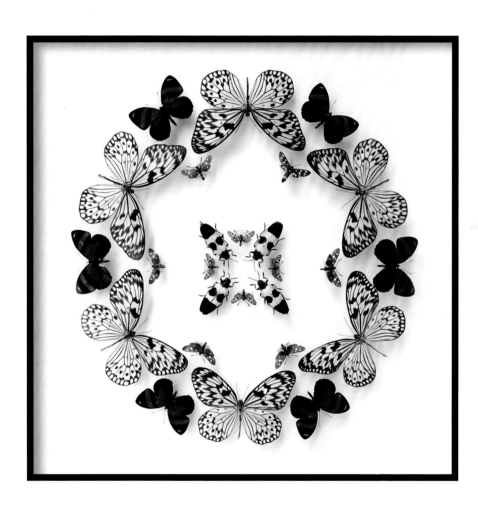

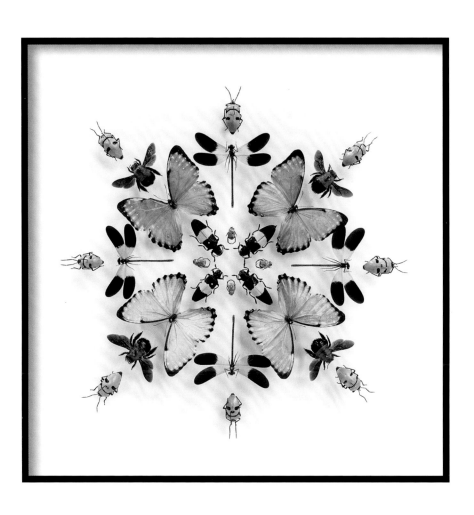

现当代艺术家的
聚集地

作家安德烈·布雷东的宝贝女儿奥贝，被她父亲昵称为"小蝴蝶"；她在父亲的要求下前往戴罗勒，因为她父亲是此处的常客。

1951年5月，他恳请她为自己紧急购置一个"用于固定大蝴蝶标本的展翅板"，因为他有"两只完美的孔雀蛾"需要处理保存。安德烈·布雷东是业余昆虫学家，喜欢收集贝壳、矿石和各种各样的昆虫标本，他把这些收藏品沿着工作室墙壁摆放展示，也有不少放在他巴黎方丹街公寓的房间内。这位父亲有些担心地写道："不过你得让戴罗勒保证当天给我发货。最晚下周一我一定要把它们固定好了。"

"有人如此不关心蝴蝶，你们不觉得不可思议吗？对于植物的描述可以不提及那些或多或少选择性以其为食的蝴蝶或其他昆虫的幼虫吗？"这位在巴克街戴罗勒购买盒子饲养蝴蝶幼虫的爱好者问道。[安德烈·布雷东，1941年

8月，《观点》（View），纽约，《采访》（Entretiens），伽利玛出版社，1952年，第227页]。

安德烈·布雷东并不是唯一一位经常光顾巴克街这家千变万化的商店并从中获得灵感的艺术家。萨尔瓦多·达利（Salvador Dalí）在其丰富的绘画作品中，也曾表现过类似戴罗勒的"龙虾分解图"中的画面——龙虾被仔细分解，平摊展示；弗拉基米尔·纳博科夫（Vladimir Nabokov）拿着从这家巴黎名店买回去的小蝴蝶标本摆拍；女诗人路易丝·德·维尔莫兰（Louise de Vilmorin）与许多艺术家都曾在戴罗勒的留言簿上题词。

伍迪·艾伦（Woody Allen）的电影《午夜巴黎》（Minuit à Paris）在此地取景，导演韦斯·安德森（Wes Anderson）也是这里的常客。这里有电影需要的角色与元素，这里有所有的情节与场景，每一个抽屉都能引出一个故事。

右页图 艺术家达米恩·赫斯特为戴罗勒设计的珍奇柜
《意义（巴黎的希望，不朽与死亡，现在与当时）》，2014年。
第126-127页图 一群各种各样的蝴蝶。

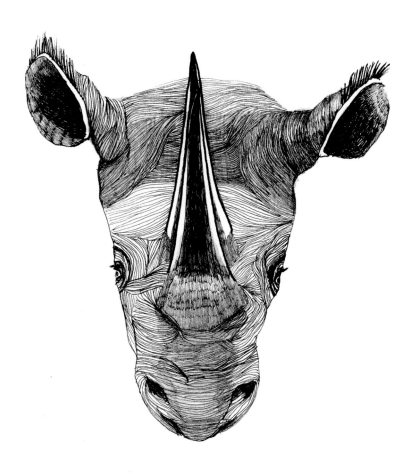

上图《犀牛》(*Rhino*)，朱丽叶·塞杜（Juliette Seydoux）画作，
2015年，戴罗勒店铺内，参加乔纳森·F.屈热尔（Jonathan F. Kugel）策划的展览《纪念品》(*Throphies*)。

上图《烧焦的纪念品》，马克·迪翁，烧焦的木壁板、动物标本、壁炉、砖，240厘米×190厘米×60厘米。
2008年火灾后创作。

第130-131页图《方舟2009》，艺术家黄永砯在戴罗勒火灾后受启发创作，
现展览于小奥古斯丁教堂（Chapelle des Petits-Augustins，巴黎美术学院）。

129

2014年，戴罗勒与艺术家达米恩·赫斯特（Damien Hirst）合作完成作品《意义（巴黎的希望，不朽与死亡，现在与当时）》[Signification（Hope, Immortality and Death in Paris, Now and Then）]。这座现代珍奇柜装满了各种动物、昆虫标本以及骨架，艺术家挑选某些藏品作为素材，在其作品中试图展现最基本的主题，比如自然与科学、传说与现实、艺术与审美、生命与死亡之间的复杂关系。

"在火光中，一切都变美了！"1937年，安德烈·布雷东在《疯狂的爱》（L'Amour fou，伽利玛出版社，巴黎）中这样写道，仿佛一语成谶，预言了2008年那场吞噬戴罗勒的大火以及浴火重生的艺术作品，例如：扬·法布雷的《头骨》（Skull）——口中衔着一只白鼬的头骨；蔡佳葳（Charwei Tsai）书写黑色汉字的鹿角，还有马克·迪翁（Mark Dion）的《烧焦的纪念品》（Burnt Trophies）——店内一面烧黑的墙面上庄严地挂着打猎胜利纪念品，而在壁炉上，放着幸存的鸟类标本。

定居法国的中国当代艺术家黄永砅（1989年凭借展览《地球的魔法师》崭露头角）创作了《方舟2009》（Arche 2009），并且在蓬皮杜艺术中心展出。《方舟2009》宽5米、高8米，寓意人类社会。登上木船的动物们将构成明天的世界，构成我们的未来，然而它们被戴罗勒的意外火灾毁坏、变形。它们躲在白纸制作的不能更脆弱的小船上，准备驶向大海。谁在保护谁？是这些坚韧的动物将继续生命的轮回、生生不息，还是只能在艺术之舟寻求保护？

科学机构戴罗勒
动物的保护者……

上图《伊莎贝拉》（Isabel），艺术家樊尚·博兰（Vincent Beaurin）。聚苯乙烯、高炉残渣、动物标本、紧急救生毯，110厘米×150厘米×70厘米。2008年火灾后创作。

右页图《北极熊走出它的公馆》，威廉·柯蒂斯·罗尔夫（William Curtis Rolf）摄影作品，2005年。

上图 《头骨》，扬·法布雷，混合技法，金龟子鞘翅及合成材料制成的白鼬皮毛，2001年。
右页图 《鹿角》（*Massacre*），蔡佳葳，2008年戴罗勒火灾后创作。
第136-137页图 《无题》，瓦莱丽·贝兰（Valérie Belin），2008年，彩色印刷，125厘米×157厘米。
戴罗勒火灾后创作。

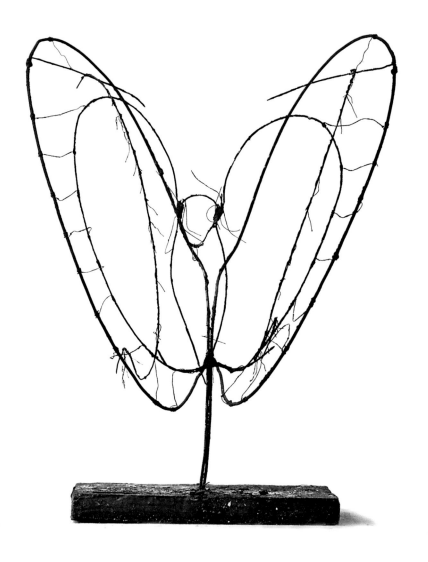

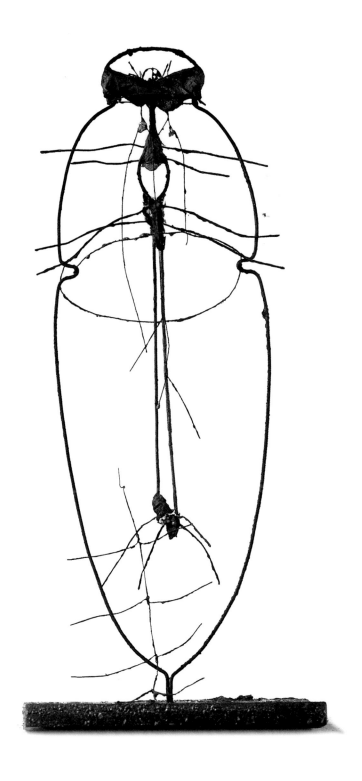

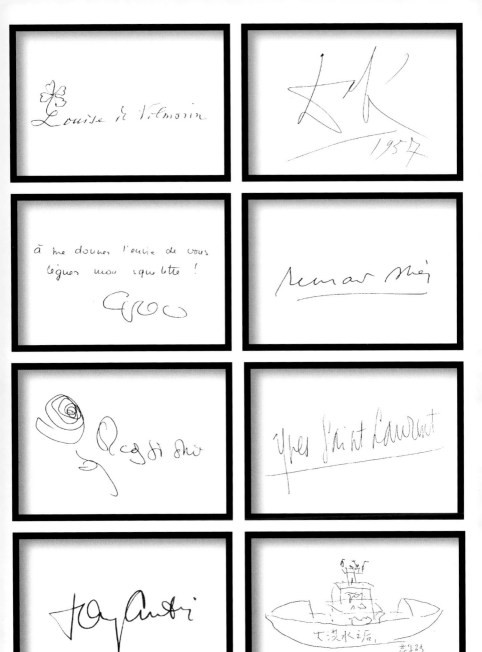

第138–139页图 戴罗勒火灾后，昆虫神经系统模型残骸。

左页图 《忧郁》（*Melancholia*），卡伦·克诺尔（Karen Knorr）摄影作品，摄于2008年火灾后。

上图 戴罗勒留言簿摘选。从左至右、从上至下依次为：路易丝·德·维尔莫兰，萨尔瓦多·达利，

朱丽叶·格雷科（Juliette Gréco），贝尔纳·布利耶（Bernard Blier），塞尔日·雷贾尼（Serge Reggiani），

伊夫·圣·罗兰（Yves Saint Laurent），托尼·柯蒂斯（Tony Curtis），以及黄永砅的《方舟2009》草图。

上图《戴罗勒乌龟》(*Tortuga deyrollensa*)，克洛德·拉兰纳（Claude Lalanne），混合技法，
乌龟标本与铜，2008年火灾后创作。

右页图 1953年，摄影师罗伯特·杜瓦诺（Robert Doisneau）对戴罗勒标本制造车间进行报道时拍摄的乌龟标本。

> **"** 在巴黎不知名的街道随意走走，仿佛是在电影院里观赏电影。徜徉在这座城市中，本身似乎就是一场演出。**"**

韦斯·安德森

右页图 韦斯·安德森到访戴罗勒，2007年。

第146-147页图 玛丽昂·歌迪亚（Marion Cotillard）与欧文·威尔逊（Owen Wilson）在戴罗勒标本店拍摄伍迪·艾伦电影《午夜巴黎》中的一个场景，2011年上映。

144

EDUCATION

教 育

戴罗勒

通过眼睛
进行的教育

让-雅克·卢梭（Jean-Jacques Rousseau）在其第三本著作——1762年出版的《爱弥儿》（又名《论教育》）中提倡12—15岁的男孩教育要重视对自然现象的研究。爱弥儿从来不看书，他凝视星空，学习解剖学，通过实验懂得了物理，通过旅行了解地理。这个富有的年轻人站在一个世纪之后教育部所希望实施的大众教育的对立面。

1783年，植物学家皮埃尔·比利亚尔（Pierre Bulliard）在迪多之子印刷厂（Didot jeune）出版的《植物学基础字典》（*Dictionnaire élémentaire de botanique*，巴黎）中写道："对于植物学初学者，我们无法保证以寥寥几行描述就能让他们认识植物，不借助图画，再系统的著作也不过是光彩一现，耀眼但转瞬即逝，也许一时间能激发他们的想象力，但无

法让他们全然满意。"他绘制插画，并且仔细地分类备注。和一百年后的埃米尔·戴罗勒一样，他坚持认为图画在植物学中极其重要。而在埃米尔·戴罗勒的时代，植物志已经成为医药学大学生们的重要工具，他们使用植物志学习草药；而对于农业学的大学生，植物志帮助他们了解"有用的植物的知识与应用"，完善知识体系。

埃米尔·戴罗勒只保留了卢梭所构想的精英教育中"通过眼睛学习"的教育理念，观察的艺术是最初的赞叹阶段，紧跟着另外两个阶段：对于刚刚观察到的事物产生疑问以及进一步理解。通过眼睛进行的教育并不是强迫人看，而是用图像潜移默化地影响，直至其成为学习者掌握的知识。

1889年世博会，300米高、全部由金

第148-149页图　介绍野兔、穴兔和松鼠的戴罗勒动物学114号教学版画。

左页图　罗伯特·杜瓦诺的报道《戴罗勒工厂内的自然形态乐园》（*Au paradis des formes naturelles dans les usines Deyrolle*），蒙特勒伊（Montreuil），1958年2月。

第152-153页图　介绍公鸭和母鸭的戴罗勒动物学119号教学版画。

属构建成的铁塔，即著名的"埃菲尔铁塔"吸引了世人目光，也是法国工程师们傲视全球的资本。在这场展示19世纪科学发展成果的盛大活动中，戴罗勒再一次找到了自己的位置，它的名字出现在了国民教育部推荐给学校布置教室的官方教具产品名录中。埃米尔·戴罗勒认为在不断重复、加深视觉印象的教学中，一定要让后排的学生也能看清彩色版画。他在《博物学基础》中提醒："通过这些图画学习自然知识，最好的教学方法是让学生们在课堂上观察这些版画，并且课后继续供他们使用。"

埃米尔的儿子们（实际是他的儿子与女婿）延续了他的理念。他们将触觉、学习技巧与"博物课"三者相结合。1879年的教具目录不无骄傲地介绍道："孩子们无须花太多精力，也不需要教科书，就能了解、学习法国主要的资源、物产与工业。"

例如在"新教育体系"内，地理课中，教师可以将地图与陈列室组合，从戴罗勒提供的120种标本中（亚麻、黏土、铜、石膏、高岭石、炉甘石等）挑选进行展示，以支持"博物课"教学内容。

直到今天，人们依旧前往巴克街，带着对世界的好奇，试着去更好地了解世界，学会如何更好地与之相处。那些懵懂的小学生尤其兴奋，比起我们这些成人，他们更容易找回与现实的联系。甚至医学生们也会到访，他们在这里直面宏伟的自然，在长颈鹿面前感受自身的渺小。🦀

喂，地球吗？这里是戴罗勒。

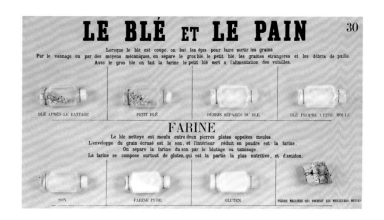

上图 介绍小麦与面包的戴罗勒175号教学版画细部，"埃米尔·戴罗勒之子"系列。

右页图 戴罗勒产品：奖励给好学生的小卡片，用于小学钱币计算教育的硬币、地球仪、产品目录及书籍。

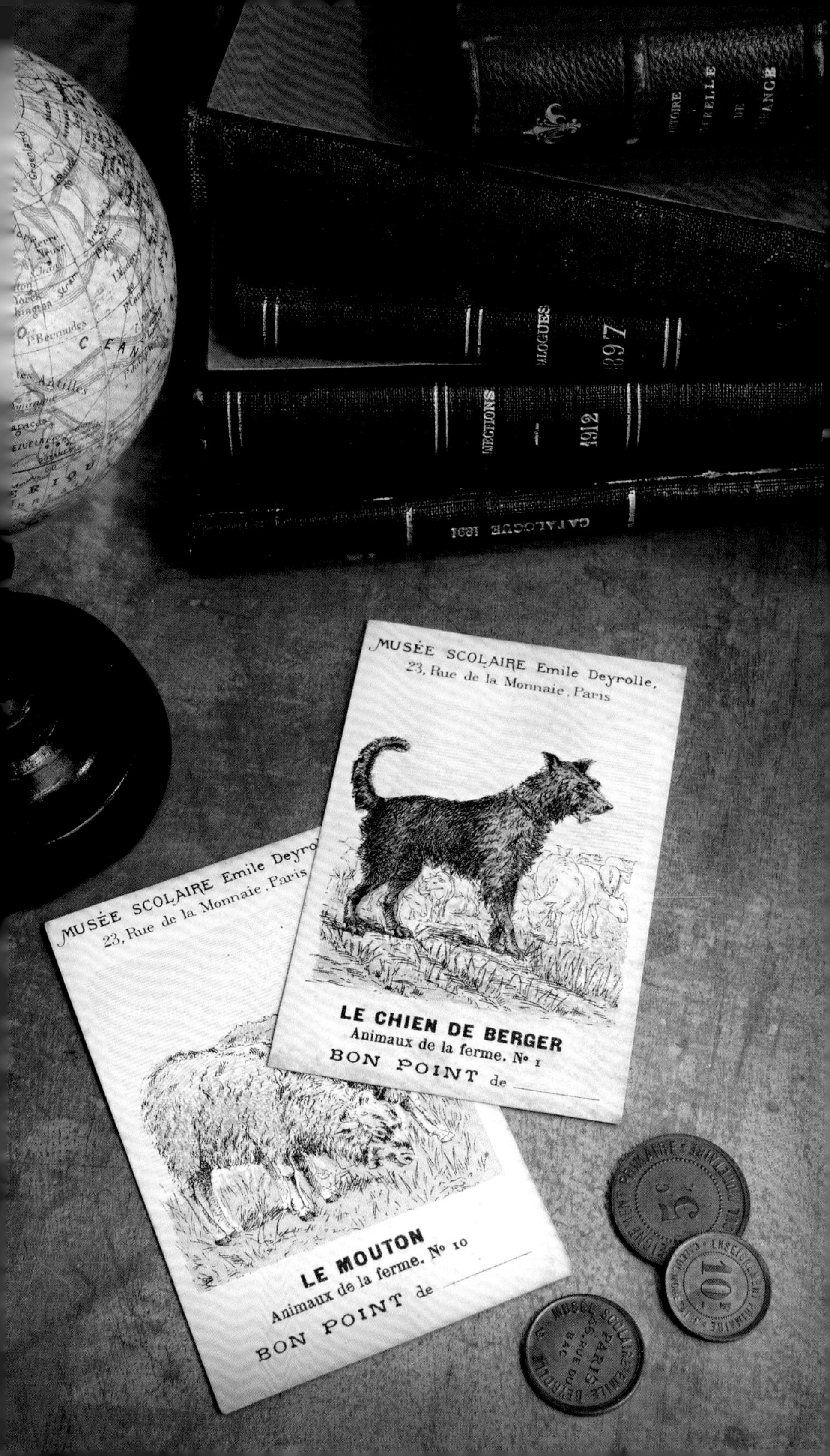

MUSÉE SCOLAIRE Emile Deyrolle,
23, Rue de la Monnaie, Paris
LE CHIEN DE BERGER
Animaux de la ferme. N° 1
BON POINT de
MUSÉE SCOLAIRE Emile Deyrol
23, Rue de la Monnaie, Paris
LE MOUTON
Animaux de la ferme. N° 10
BON POINT de
CATALOGUE 1891
1912
MUSÉE SCOLAIRE EMILE DEYROLLE PARIS 46, RUE DU BAC

" 通过眼睛进行的教育不需要学生绞尽脑汁或花大量精力去背诵。只有让这些形象与知识精确地刻画在孩子的头脑中，才能得到较好的结果。**"**

埃米尔·戴罗勒，《博物学基础——自然界三大领域教育版画的说明》，第三版，巴黎，埃米尔·戴罗勒，1877年。

左页图 介绍橡树的戴罗勒植物学125号教学版画，埃米尔·戴罗勒"教学博物馆"系列。

第158~159页图 戴罗勒玻璃幻灯片，用于放映照片与显微照片，约1912年。

LES FILS D'ÉMILE DEYROLLE
46, rue du Bac, PARIS

Adr. télégr. : *Eloryed-Paris.* ✧ ✧ ✧ Téléphone : 729.87.

Usine à vapeur, 9, rue Chanez, PARIS-AUTEUIL.

EXPOSITIONS UNIVERSELLES : PARIS 1900 ET LIÈGE 1905, GRANDS PRIX

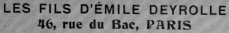

DIAPOSITIFS SUR VERRE
POUR

PROJECTIONS

PHOTOGRAPHIES
et
MICROPHOTOGRAPHIES

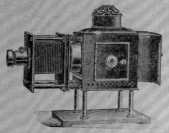

Autochromies : Photographies en couleurs.

JUILLET 1912

LES FILS D'ÉMILE DEYROLLE
46, RUE DU BAC, 46
PARIS, 7e

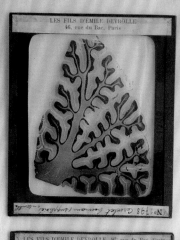

ACCIDENTS — CAMPAGNE

68
468

Ne pas dénicher les nids d'oiseaux

Ne pas s'approcher des ruches d'abeilles

Ne pas grimper sur les mats de trolley ou tous supports
de fils électriques

Ne pas toucher un fil électrique rompu

Mobilier et Matériel Scolaires. — LES FILS D'ÉMILE DEYROLLE, 46, Rue du Bac, Paris-7ᵉ

Imp. MONROCQ. PARIS.

上图 戴罗勒468号教学版画《乡间常见事故》。
右页图 "不要玩门，千万不要把手放在门槽边。"（选自戴罗勒66号教学版画《家庭常见事故》）
第162–163页图 戴罗勒体育39号教学版画《肌肉的发育》。

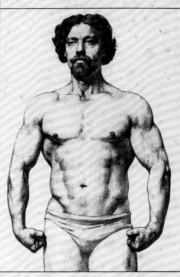

Conformation d'Athlète.

Les
poids
lourds.

La lutte.

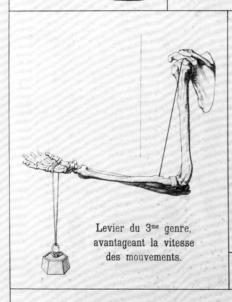

Levier du 3me genre,
avantageant la vitesse
des mouvements.

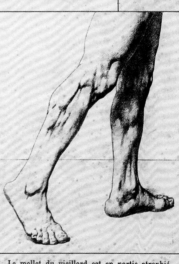

Le mollet du vieillard est en partie atrophié,
sec et court, comme ses mouvements.

La main du
s'ou

Les exercices
grosseur des
musculai
d

Les efforts intenses donnent au corps la forme athlétique; s'ils ne sont

E FORCE

Développement musculaire exagéré
sans développement correspondant de la poitrine.

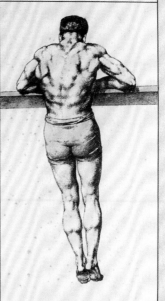

Le Rétablissement.

e peut plus
fort.

veloppent la
ais la force
la force

Le bras de l'athlète reste constamment fléchi.

Le mollet de la danseuse
est long à cause de l'étendue du mouvement du pied.

ccompagnés de mouvements étendus, ils produisent des déformations.

E. QUIGNOLOT, Del.

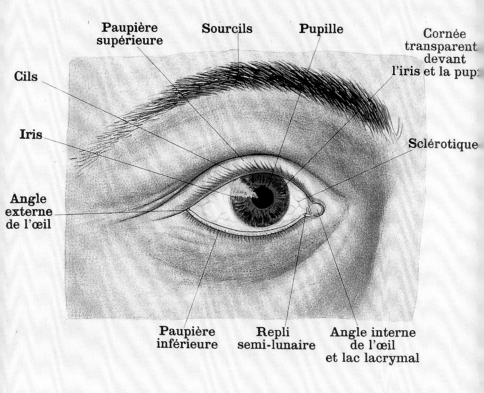

Paupière
supérieure

Sourcils

Pupille

Cornée
transparent
devant
l'iris et la pup:

Cils

Iris

Sclérotique

Angle
externe
de l'œil

Paupière
inférieure

Repli
semi-lunaire

Angle interne
de l'œil
et lac lacrymal

上图 戴罗勒解剖学346号教学版画细部《 眼睛，视觉器官 》。

右页图 罗伯特·杜瓦诺对戴罗勒解剖学模型制造车间的报道，1953年4月。

第166-167页图 戴罗勒普通物理学用具产品目录（1912年），以及以前的戴罗勒秒表。

MAISON ÉMILE DEYROLLE

LES FILS D'ÉMILE DEYROLLE

Constructeurs

46, rue du Bac, PARIS

Usine à vapeur, 9, rue Chanez PARIS-AUTEUIL

PHYSIQUE GÉNÉRALE
Instruments de Précision

CABINETS COMPLETS DE PHYSIQUE ET DE CHIMIE

JUILLET 1913

LES FILS D'ÉMILE DEYROLLE
46, rue du Bac, 46
PARIS (7ᵉ)

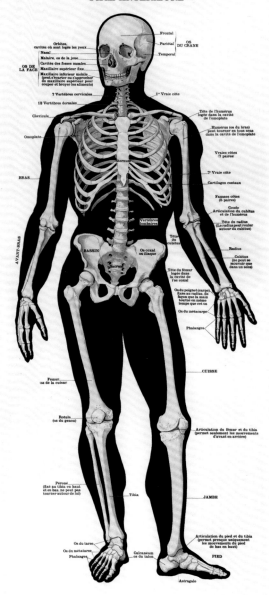

左页图 罗伯特·杜瓦诺对戴罗勒解剖学与植物学模型制造车间的报道，1953年4月。

上图 戴罗勒解剖学311号教学版画《人体骨骼》，"戴罗勒机构"系列。

第170-171页图 戴罗勒动物学709号教学版画《马的骨骼》，"戴罗勒机构"系列。

SQUELETT

Etablissements DEYRO

U CHEVAL

Rue du Bac, Paris 7ᵉ

分类教育

鸟类标本安装站立在支架上，每个标本都配有标签，注明标本所属的属、种以及捕获地点；还有木材标本，连着树皮保存；各种尺寸的广口瓶，盛放着浸泡在保存液中的各类标本以及爬行类动物；历经千万年的岩石，还未变成尘土。这一切都安安稳稳地躺在陈列柜或抽屉里，有的还上了锁。在这里能充分感受到戴罗勒对于分类学与方法论的热爱。

埃米尔·戴罗勒在《博物学基础》中写道："自然界所有物体分属三大领域。第一个包含所有动物，也就是动物界；第二个是包含所有植物的植物界；最后是矿物界，包含所有既不属于动物又不属于植物的物体，也就是那些没有生命的东西——石头、岩石、晶体、液体（比如水）、气体（比如包围着我们的空气）。"他希望位于巴克街的戴罗勒不是以说教的方式来传播知识，而是通过实践让人们了解生命的轮回，学会用科学分类法来区分那些看似相似、细节上却又不同的动物、植物与矿物。研究自然，就是在茫茫万物中研究每个个体的特征。

自然界的许多奥秘整整齐齐地汇集于戴罗勒。它诞生于近代，伴随着现代世界的地理大发现，欧洲人对于世界的了解越过地中海，远达非洲、亚洲。一直以来，人类都希望更多地了解这个世界，了解世界的变迁与构成。研究人员与探险家带来一些奇特的物品，动物的吻突、骨骼或者稀有鸟类的羽毛，每件物品都以各自的方式对人类在整个自然体系中的地位，以及看似亘古不变、完美无瑕的秩序提出质疑。如何给

左页图 昆虫厅内景。
第174-175页图 矿物学、地质学及贝壳学陈列柜一角——埃米尔·戴罗勒标本店，
巴克街46号，巴黎（版画，1889年）。

自然分类？如何理解自然？这是早期收藏家与逐渐演变成博物馆的珍宝馆所面临的问题。是遵循自然法则还是只依赖人为分类？

"自然分类法，顾名思义是遵循大自然的发展，从整体比较，将关联最多、各组成部分细节上较为相似的植物归为一类。人为分类法则只挑选几个特殊部位相比较，比如花、果、雄蕊或者叶片。因此按照自然分类法亲缘相近的两种植物，按照人为分类法可能就成为完全不同的种类。"皮埃尔·比利亚尔解释道（《植物学基础字典》）。🦀

**在对世界的疑问中，
戴罗勒使人安心。
这里保存了物种的祖先与根源。
族群的印记在这里变成了
新道路的轨迹。**

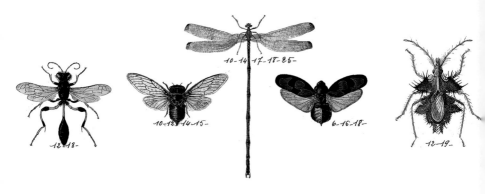

第176-177页图 固定在整姿板上的昆虫。

上图 戴罗勒昆虫学220号教学版画《昆虫》。

右页图 固定在展翅板上的蝴蝶标本。

178

左页图及上图　昆虫标本盒。

第182-183页图　固定在整姿板上的蚂蚁。

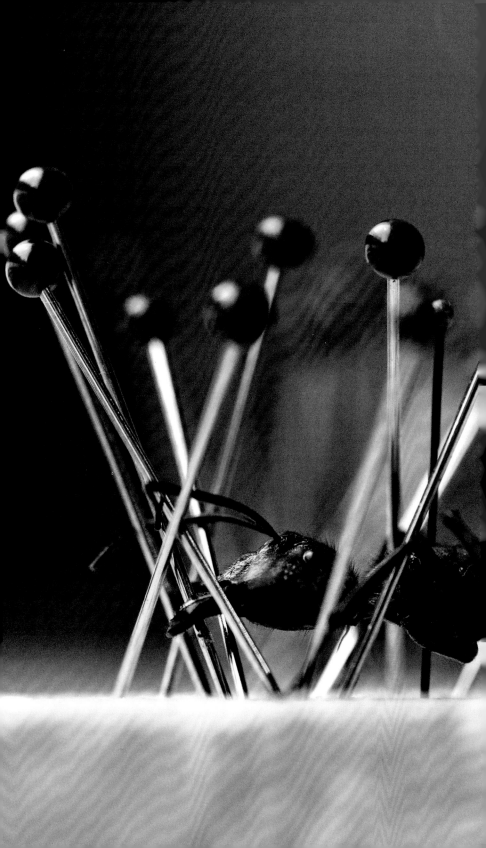

上图 刺桐白条天牛（*Batocera tigris*，印度尼西亚）。

右页图 昆虫厅保存蝴蝶标本的抽屉。

Morphidae

Morpho didius

> 如何区分遍布地球各个区域、数不胜数的动物、植物和矿物物种，必须要构想出给每个动物、每件事物分类的方法，这就是我们所说的分类学。

埃米尔·戴罗勒，《博物学基础——自然界三大领域教育版画的说明》，第3版，巴黎，埃米尔·戴罗勒，1877年。

左页图 存有蛇的广口瓶。

上图 食虫植物长角胡麻（*Proboscidea lusitanica*）的种子，这种植物也被称为"恶魔之爪"。

右页图 昆虫厅的抽屉。

"
我深信通过观察外观来学习对孩子们来说是
唯一有效的教育方式，祝愿你们美观优质的
博物学教学版画能进入每一所学校。只有打
破愚昧无知的偏见，才能更快地开启民智。"

E.马沙尔（E. MARCHAL），马孔（Mâcon）师范学校
校长，1878年戴罗勒产品目录中引用了这句话。

左页图 仓鸮（*Tyto alba*）。

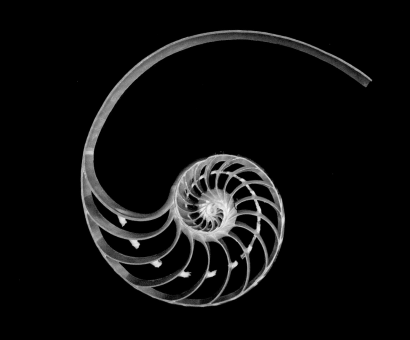

国际化的普及教育

1913年秋，索邦大学法国文明教授亨利·古瓦（Henri Goy）从勒阿弗尔（Le Havre）登上佛罗里达号船。经历了大西洋中的风暴、穿过纽芬兰海域的浓雾，这位年轻学者终于抵达了美洲大陆。在银行家兼慈善家阿尔贝·卡恩（Albert Kahn）提供的"环球"助学金支持下，他计划研究全世界的教学体系。然而1914年第一次世界大战爆发，他不得不改变计划，缩小研究范围，将课题定为"美洲主要国家的教育成果"，涵盖南北美洲。

他前往布宜诺斯艾利斯，参观当地学校，见到老师们非常重视实验与观察，深受震动。他在1917年阿尔芒·科兰出版社（Armand Colin）出版的研究记录《从魁北克到瓦尔帕莱索：风景、人物与学校》（De Québec à Valparaiso,

paysages, peuples, écoles，巴黎）中写道："在布宜诺斯艾利斯，实验室操作占每学年化学课3/7的课程时间。"

在圣地亚哥，他注意到教室使用戴罗勒的教具布置，证明了戴罗勒"教学博物馆"系列产品的国际影响力。在数篇翻译成西班牙语或葡萄牙语、针对中南美洲市场的宣传稿中，戴罗勒被称为"工业教学博物馆"，埃米尔·戴罗勒及其家族后代成功地将戴罗勒的盛名传播到了法国之外。博物课中，挂在墙上的教学版画配合教师展示的自然标本，教学内容被这些国家改编得更符合本国国情，学生们对椰树、橡胶、松香、马黛茶、香草和番石榴的学习热情往往超过对诺曼底奶制品的好奇。

"我们认为自然界的实物或者与原物同样大小的精致彩色图画会让小学生们

左页图 鹦鹉螺（Nautilus，菲律宾）。

193

更感兴趣。教师在课堂上向他们演示如何感觉、呼吸，展示小麦种子如何发芽、橡树的树干如何生长，让他们触摸铁、铜等矿石，解释黄铜和钢铁是如何提炼出来的……我们教授一切生活中可能需要使用的知识。"埃米尔·戴罗勒这样阐述自己的理论。

从创建初始，戴罗勒就向每一个人敞开大门。尽管戴罗勒只是一家小小的文化教育机构，但它放眼于全世界。它将教学版画翻译成西班牙语、葡萄牙语和阿拉伯语，出口到120个国家。它与其他来自英国、比利时、俄国、意大利以及瑞士的昆虫研究机构保持联系。人们在1897年法国《外文推广协会简报》（*Bulletin de la Société pour la propagation des langues étrangères en France*）中能读到

这样的启事："戴罗勒之子，博物学家，现招聘一名擅长英文的年轻人。"是因为这家巴克街的店铺已经拥有大量外国客户了吗？还是为了用英文与遍布世界各地的交流者、研究人员、猎人或收藏家联系？

日文中有个词与巴克街的百年老店完美契合——"人间国宝"。陶瓷工匠、某种舞步或者某种传统染色工艺都能获此称号。他们都在致力于传承重要的非物质文化宝藏。从圣地亚哥到京都、从都柏林到墨西哥，戴罗勒正是这样一种人类共同的文化遗产。

戴罗勒不仅仅属于巴黎，它属于全人类。

右页图 戴罗勒植物学9号教学版画，阿拉伯文。

الصفيحة

وُرَيْقات

العلاقة
او عُنُق
الورقة

العلاقة او عُنُق الورقة

الورقة
ال

على الورقة نتوءات صغيرة تسمى العروق وبواسطة هذه العروق تحصل د

او وُرَيْقات تجمعها علاقة مشتركة .

الأزهار

الزهرة مجموعة الأعضاء التي تكوّن البِزْ

مثال الزهرة
التامة العادية:
زهرة المنثور او الخِيري

التُّوَيْج

الأَسْدِيَة (جـ - سَداة)

الكأس

أزهار

كأس
مكوَّن من أربع
كأسِيَّات

المِدَقَّة

زهرة ك

معلاق الزهرة
او زندها

المَآبِر (جـ - المِئْبَر)

اللقاح

أوراق

الخيوط

بزرات
عالقة
بالفاصل

المصراعان

الساق

الأَسْدِيَة
تولّد اللقاح
الذي يسقط
على المِدَقَّة

اللقاح

الثمرة

تتحول المِدَقَّة الى الثمرة بعد الالقاح وتتحول

ـليم في جميع الترجمات ـ مؤسسات ديرُون . ٤٦ شارع دوبـال .
ـع هذه اللوحة الأستاذ بولس جليل عوَّاد ـ بيروت . لبنان . وضع النص العربي بإشراف الأستاذ فؤاد افرام

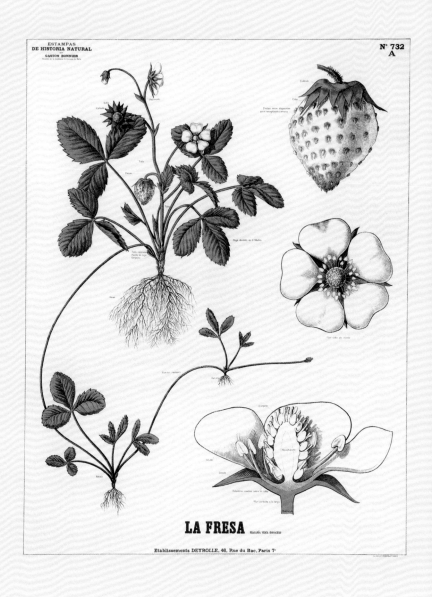

上图 介绍草莓的戴罗勒植物学732A号教学版画，西班牙文，"戴罗勒机构"系列。
右页图 戴罗勒植物学733A号教学版画细部，西班牙文，《豌豆》。

触动人心的教育

2001年，路易·阿尔贝·德·布罗伊成为戴罗勒的所有者。2007年，他决定继续出版教学版画，并以"戴罗勒为了未来"为名出版了100多幅新版画。"戴罗勒为了未来"展示了很多人们还未开发的土地，并且直面全球变暖、生态系统被破坏以及气候紊乱等问题。戴罗勒尝试解释这些问题，并应对挑战。就像从前对肌肉组织、啤酒酿造和蘑菇种类的研究一样，戴罗勒深入研究国民经济、可循环经济、社会或全民的绿色经济等问题。过去，泰奥菲勒·戴罗勒努力让人们理解那些复杂的概念；如今，艺术家卡米耶·让维萨德（Camille Renversade）继续制作作为知识载体的版画。几代人的努力，都凝聚于同一种文化形式上。

2015年冬，戴罗勒利用巴黎埃菲尔铁塔脚下的耶拿桥人行道和联合国教科文组织的门口，叙弗朗街举办展览，展出了各类新旧版画，用英文和法文注释，公众免费观看。这个时刻必将载入史册，当年12月12日，全球第一个针对气候的协议刚刚得到196个代表团（195个国家与欧盟）一致通过。

戴罗勒悄然加入了旨在"减缓威胁人类社会与经济的气候异常"的联合国气候大会。作为一家古老又现代的科学文化机构，戴罗勒向195个代表团赠送了路易·阿尔贝·德·布罗伊的著作——《重塑世界》（Redessiner le monde，路易·阿尔贝·德·布罗伊，巴黎，2015年）。该书由奥埃贝克出版社（Hoëbeke）出版，时任外交部部长洛朗·法比尤斯（Laurent Fabius）作序。

此外，戴罗勒还在遵守《华盛顿公

左页图 "戴罗勒为了未来"106号教学版画细部，地中海海中景象，保护生物多样性系列。

第200-201页图 戴罗勒动物学100号教学版画细部，《哺乳纲鲸目，鲸须》，"埃米尔·戴罗勒之子"系列。

TABLEAUX
D'HISTOIRE NATURELLE
par
M. GASTON BONNIER
Professeur à la Sorbonne
Membre de l'Académie des Sciences

VUE D'U

LES FILS D'ÉMILE DEYROL

GLACIER

iteurs, 46, Rue du Bac, Paris

Imprimerie Étabt GAILLAC-MONROCQ et Cie - PARIS

约》（CITES）方面做了很多工作。1973
年，超过170个国家签署并加入该公约组
织。戴罗勒与狩猎活动具有一定的历史
渊源，然而今天，如果一名猎手想将他
捕获的狍子或野猪制成标本，他首先得
证明这些动物不是偷猎所得。除了极少
数特例，戴罗勒的动物标本都不是为了
制作成标本而被杀的，非家养动物主要
来自动物园、马戏团因衰老或疾病而死
亡的动物。

　　对于这一代或者未来的人们来说，
任何动物与植物，无论生死，美丽多变
的它们都是自然系统无可替代的组成要
素，都值得人类去保护。🦀

戴罗勒，丰饶的星球。

第202-203页图 戴罗勒地质学763号教学版画，
《冰川风景》，"埃米尔·戴罗勒之子"系列。
上图 大羚羊（*Taurotragus oryx*，非洲）头像标本挂饰。
下图 介绍橙子的戴罗勒博物课138号教学版画细部，"教学博物馆—埃米尔·戴罗勒之子"系列。
右页图 戴罗勒植物学727号教学版画细部，"戴罗勒机构"系列。

TABLEAUX
D'HISTOIRE NATURELLE
par
M. GASTON BONNIER
Professeur à la Sorbonne
Membre de l'Académie des Sciences

Feuilles écailleuses
qui forment l'enveloppe du bourgeon

BOURGEON

(du marronnier)

PRÉSERVER LA BIODIVERSITÉ

CÔTE D'IVOIRE

PARCS NATURELS DE CÔTE D'IVOIRE

1. Parc animalier d'Abokouamékro
2. Parc national du Banco
3. Parc d'Azagny
4. Parc national de la Comoé
5. Parc aquatique des îles Ehotilé
6. Parc de la Marahoué
7. Parc du Mont Péko
8. Parc du Mont Sangbé
9. Parc de Taï

Végétaux de Côte d'Ivoire

Les forêts claires du nord de la Côte d'Ivoire, sont constituées de vastes savanes et d'arbres en nombre très variable, avec, le long des cours d'eau, des forêts galeries. Pendant la saison sèche, ces étendues herbeuses sont parcourues par des feux de brousse et seuls se maintiennent les arbres résistants aux feux, notamment le palmier rônier, dont on extrait la sève pour faire le bangui. Plus au sud les forêts sont plus nombreuses et progressivement la forêt remplace la savane. Dans cette forêt de transition, une partie des grands arbres perdent leurs feuilles durant la saison sèche. Plus près de l'océan et le long du fleuve Cavally, s'étend une forêt très humide, où les pluies sont très abondantes et les arbres restent verts toute l'année. Dans les montagnes de la région de Man, les essences sont différentes, avec des fougères arborescentes. La côte est bordée de dunes, de fourrés et de plantations de cocotiers. Au bord des lagunes et à l'estuaire des fleuves, il y a des marais et des mangroves, où des palétuviers, gris ou blancs, poussent sur de longues racines aériennes. L'exploitation de la forêt est très importante pour l'économie du pays. Les principales essences exploitées ont été les acajous, puis le makoré, le sipo, l'aboudikro, le niangon, le samba, le bété, le tiama, le dibetou, le fromager, le teck et l'iroko. Une surexploitation des forêts a rendu nécessaire un programme de reboisement des zones appauvries. Les cultures villageoises et industrielles ne cessent de s'étendre. La Côte d'Ivoire est le premier producteur mondial de cacao et le septième de café.

左页图 介绍圭亚那的 "戴罗勒为了未来" 75号教学版画细部，保护生物多样性系列。

上图 介绍科特迪瓦的 "戴罗勒为了未来" 97号教学版画细部，保护生物多样性系列。

右页图 蓝黄金刚鹦鹉（*Ara ararauna*，中美洲）。

第210-211页图 介绍留尼汪岛的"戴罗勒为了未来"76号教学版画细部，保护生物多样性系列。

> "这一步对于现在和未来究竟意味着什么？只有问自己这样一个正确的问题，我们才能继续科学家们为我们开辟的道路，从科学到普及。"

路易·阿尔贝·德·布罗伊

右页图 一组鸟类标本：七彩文鸟（*Erythrura gouldiae*，澳大利亚），彩虹巨嘴鸟（*Ramphastos sulfuratus*，中美洲），以及两只麦耶氏鹦鹉（*Poicephalus meyeri*，非洲）。

面向未来的教育

昔日，科学着力于研究生物演化。每种生物都是生物演化的结果，这种演化极为缓慢且不易察觉，很长一段历史中，人类不曾发觉生物的进化。弗朗索瓦·雅各布在法亚尔出版社（Fayard）出版的《可能的游戏》（*Le Jeu des possibles*，巴黎，1981年）中写道："生物实际上都是历史的一部分，都是历史的产物。"

不仅于此。当今世界，时间在加速，世界格局发生变化，气候剧变，促使文化进化替代了生物进化。戴罗勒成了真正的时光交汇点，连接着自然与文化、世界可感知的遗产与对于未来的研究，连接着先天与后天，连接着我们每一个人。

为了联合国气候变化大会（COP21），戴罗勒再次向学校、企业和各类团体宣传关注世界的未来。戴罗勒为了重新点燃公民精神，绘制了一套10幅教学版画，布置在5000所法国学校中，并传播到了加蓬、尼日利亚、西班牙等国，用于可持续发展的教学。曾经，老师们在课堂上仅向学生展示卡片与标本；如今，他们拥有教具套装以及数字化辅助工具等更为现代化的教具，用以吸引21世纪的孩子。"不需要成为懒学生，谁都记得读书的时候，学生们都专注地观察墙上挂着的教育版画"，路易·阿尔贝·德·布罗伊幽默地说，"人类对于生物链来说是一种威胁。人们曾认为戴罗勒只是属于过去的年代，是个积满灰尘的博物馆，现在戴罗勒再次从遗产中挖掘出教学版画，制作更富现代性的教具，关注环境、社会、公民权利、健康、生态循环等重大问题。"

现在，戴罗勒继续扮演着百年来赋

右页图 狮子特写。

214

予自己的角色，自然、艺术、教育，是它的三大基石，是它创造更美好的、因生物的魅力而不断令人惊叹的世界的法宝。在这样的世界中，卡片、工具、画册、抽屉和那微不足道的圆珠昆虫针都是研究与求知的标志。"就像人们会为了火焰或者山顶覆盖的皑皑白雪痴迷，不论是苔藓、海藻还是海绵，每种生命都接受了这条引领我们走向未知世界的细胞链的馈赠。"路易·阿尔贝·德·布罗伊总结道。🦀

**某一天，走进戴罗勒，
领悟我们是世界传奇的一部分。**

左页图 鲨鱼的脊椎骨。
上图 固定在基座上的大块方解石。

> "
> 观察，理解，学习，保护，传承
> ——为了未来。"

路易·阿尔贝·德·布罗伊

右页图 非洲草原象（*Loxodonta africana*，非洲）幼象浇铸模型（树脂）。

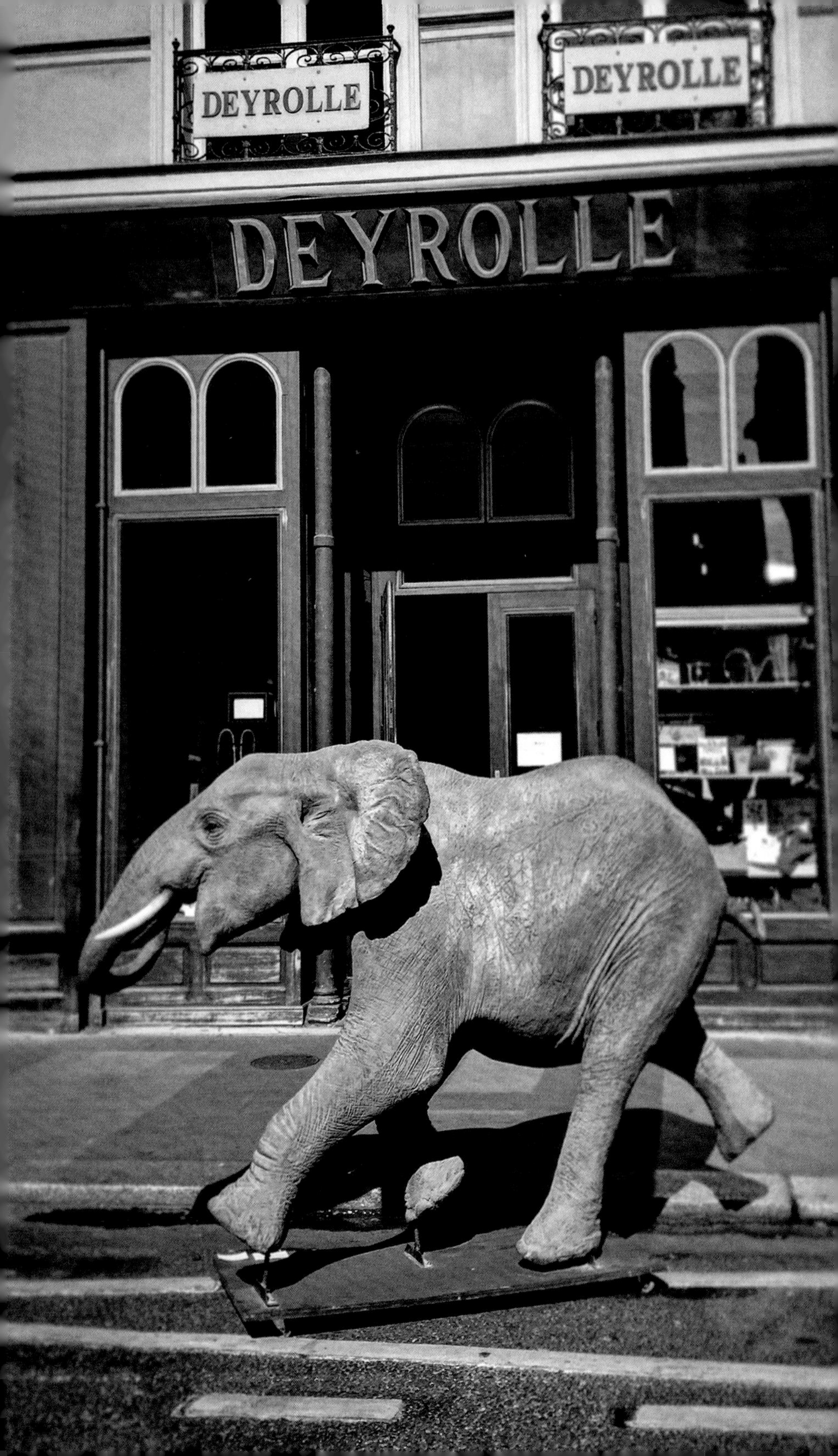

照片版权

右页图 来自戴罗勒的蜻蜓（scanogram）扫描摄影作品。

致 谢

戴罗勒的历史反映出博物学家们的研究主题涉猎甚广,

见证了他们的众多相聚以及这所机构在科学、艺术、教育领域建立威望的过程。

许多人参与了这段近200年的非凡历史, 他们应当得到感谢。

17年来, 一个由不同背景人员组成的团队在富有远见的管理层领导下,

引领戴罗勒开启新的命运。这一切都镌刻在基因中。

我们将永远铭记戴罗勒家族、格鲁家族(Groult)以及这个卓越的大家庭中的其他成员,

他们完全可以为他们开辟道路的祖先感到骄傲。

我们要感谢弗朗索瓦·贝德尔(François Bedel)——

戴罗勒的后代、骨子里的历史学家, 他告诉我们许多过去的故事,

这些对于理解戴罗勒的命运至关重要。

我们还要感谢这个系统, 包括戴罗勒, "戴罗勒为了未来",

布尔黛西埃尔城堡(la Bourdaisière)的现任负责人:

总经理弗朗辛·坎帕(Francine Campa),

出版、合作、策略总监阿黛勒·费卢扎(Adèle Phelouzat),

以及许许多多其他同仁, 你们用热情与决心一次次完成各个项目。

最后, 我们要感谢阿兰·弗拉马利翁(Alain Flammarion)

和苏珊·蒂斯-伊索雷(Suzanne Tise-Isoré),

他们发现了这个"国家宝库"令人着迷的魅力所在,

借此向这个独一无二的"珍宝馆"致敬;

同时也感谢所有为这本书的诞生做出贡献的人们,

尤其是贝尔纳·拉加塞(Bernard Lagacé)、利桑德·勒·柯莱亚什(Lysandre Le Cléach)、

波利娜·加罗内(Pauline Garrone)、伊丽莎白·奥尔索尼(Elisabetta Orsoni)

以及瓦莱丽·布雷亚(Valérie Breillat)。

左页图 蓝翼绿巨蝗(圭亚那)翅膀特写。

第224页图 灰熊(*Ursus arctos horribilis*, 美国与加拿大)。

衬页 尼泊尔国鸟棕尾虹雉(*Lophophorus impejanus*, 尼泊尔)的羽毛。

223

图书在版编目(CIP)数据

戴罗勒标本屋:200年的自然科学传奇/（法）路易·阿
尔贝·德·布罗伊著；戴巧译. -- 武汉：华中科技大学
出版社，2020.11
（至美一日）
ISBN 978-7-5680-6283-1

Ⅰ.①戴… Ⅱ.①路… ②戴… Ⅲ.①自然科学史-世界-普
及读物 Ⅳ.①N091-49

中国版本图书馆CIP数据核字(2020)第105377号

Author: Louis Albert de Broglie
Photographer: Francis Hammond
Title: *Deyrolle, Un cabinet de curiosités parisien*
First Published by Flammarion, Paris
© Flammarion S.A., Paris, 2017
EXECUTIVE DIRECTOR
Suzanne Tise-Isoré Collection Style & Design
EDITORIAL COORDINATION
Pauline Garrone
GRAPHIC DESIGN
Bernard Lagacé
Lysandre Le Cléac'h

戴罗勒标本屋：200年的自然科学传奇
Dailuole Biaobenwu: 200 Nian de Ziran Kexue Chuanqi

【法】路易·阿尔贝·德·布罗伊 著
戴巧 译

出版发行： 华中科技大学出版社（中国·武汉） 北京有书至美文化传媒有限公司 出 版 人：阮海洪	电话：(027) 81321913 (010) 67326910-6023

责任编辑：莽 昱 舒 冉　　　　　　封面设计：唐 棣
责任监印：徐 露 郑红红

制 作：邱 宏
印 刷：中华商务联合印刷（广东）有限公司
开 本：930mm × 1194mm 1/32
印 张：7
字 数：30千字
版 次：2020年11月第1版第1次印刷
印 数：1 - 4,000
定 价：168.00元

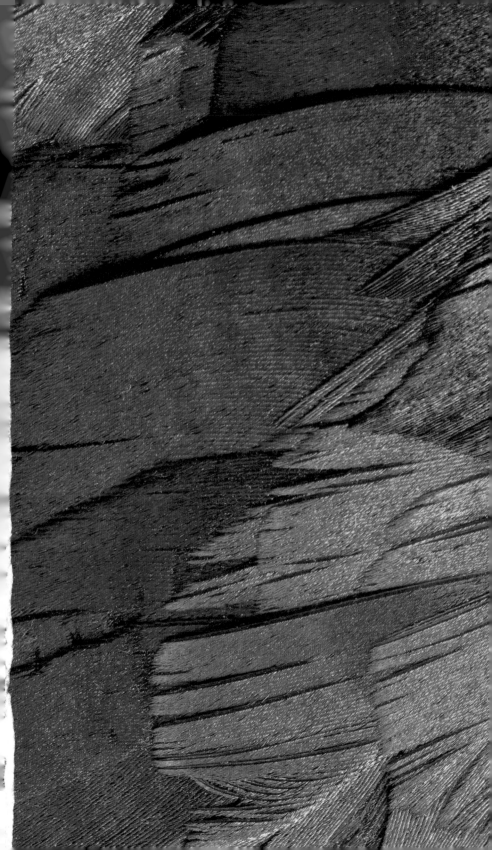

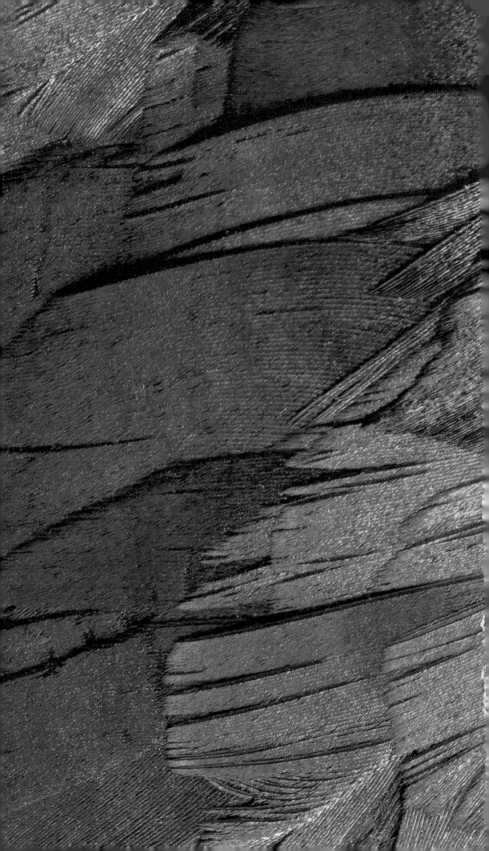